农田生态种养实用技术

现代农民教育培训丛书

龚向胜　黄　璜◎主　编

中国农业出版社
北　京

主编简介

龚向胜，中共党员、博士。湖南农业大学黄璜教授专家团队成员，专业及研究方向为动物生理营养及饲料学、水产养殖学、作物学、生态学、农田生态种养实用技术学。一直在生产一线从事农业及相关工作，在农业生产方面具有丰富的经验，带领团队在长沙县建立国际农田生态种养示范基地，在湖南省帮助和指导多家种养基地、农业企业、农民合作社及种养大户。

具备较深的专业理论知识，编写农业及技术人员培训教材3部，发表论文30余篇，发明专利11个。从2018年开始参与湖南省高素质农民及相关技术培训授课。2019年，南美洲国家厄瓜多尔派团来中国学习稻田生态种养技术，为主要授课人和示范基地讲解人。被聘为第一届国际农田生态种养发展论坛理事委员会理事。

黄璜，二级教授、博士。联合国世界粮食计划署有机农业专家、国家协同创新中心技术集成团队首席科学家、湖南省首批岗位聘任制二级教授、湖南农业大学博士生导师、湖南省稻田生态种养协会会长。主持国家 863 项目 4 项、主持国家自然科学基金 1 项、主持中国博士后科学基金 1 项。获得湖南省科技进步一等奖 1 项、二等奖 2 项、三等奖 1 项，4 个项目获经济效益逾 62 亿元。核心技术“稻田生态种养与综合利用”已成为南方水稻生产增产增收、清洁生产、固碳减排的关键技术；2003 年主持大米研究，生产的大米出口美国，实现中国出口美国大米零的突破；从事稻虾、稻鳖、稻鳅、稻蛙研究近 30 年。荣获湖南省优秀教师、湖南省优秀博士后、湖南省科技界抗洪救灾先进个人称号；创建湖南省第一个生态农业村并任首任村主任、创建湖南省第一个生态农业乡并任首任乡长；任中国绿色食品发展中心咨询委员会委员、国家可持续发展实验区专家委员会委员、中国科学院生态环境研究中心客座研究员。

编者名单

主　编　龚向胜　黄　璜

副主编　曾建新　余长生

参　编　刘小燕　戴振炎　傅志强　余政军
陈开健　陈　灿　江　辉　王　忍
李静怡　梁玉刚　丁姣龙　张　印
孟祥杰　廖　欣　罗雨聪　马昀君

Series Preface 丛书序

湖南省老科学技术工作者协会农业分会在湖南省农业农村厅支持下组织编写的“现代农民教育培训丛书”，对助力美丽乡村建设，促进我国农业农村现代化持续、稳定、协调发展具有重大的现实意义。湖南是农业大省，近年来，全省农业农村系统认真贯彻落实习近平总书记“三农”工作重要指示精神，按照湖南省委、省政府的决策部署，大力推进强农行动和三个“百千万”工程，着力打造优势特色千亿产业，扎实抓好以精细农业为重点的“名优特”农产品基地建设，有效地促进了全省农业农村经济的高质量发展。

实施乡村振兴战略，是党和国家做出的重大战略部署，是“十四五”规划中农业农村发展的重要任务。实现这一战略的关键在于农村实用人才的培养。造就一大批有文化、懂技术、善经营、会管理的高素质农民和实用人才是新时期“三农”工作重中之重的任务。该丛书积极探索培养高素质农民的新做法，拓展教学内容，采取多种有效形式搭建交流共享平台，加强产业对接，突出重点，做好产业文章。农业现代化就是要抓好农业产业化，实现生产规模化、全程机械化、土地集约化、经营一体化，促进农民增收、农村繁荣、农业绿色发展。

“现代农民教育培训丛书”是紧紧围绕农业产业和新农村建设及高素质农民培训工作的要求，紧密结合湖南乃至全国同类地区实际，以适应湖南省产业结构调整和美丽乡村建设的需要为出发点，编写的高素质农民培训教材。丛书立足湖南，辐射全国，特色突出，内容丰富，涵盖了农业农村政策法规、农业产业化实用技术、美丽乡村建设模式、乡村综合治理等多个方面，针对性强，具有先进性、实用性、可操作性等特点，充分反映了我国农业农村发展的新业态、新模式、新技术和发展趋势，适合高素质农民、新型农业经营主体、基层农业技术推广人员、农业院校学生阅读学习。我相信，该丛书的出版，将对进一步做好农村实用人才培训、迅速提高农村人才培训质量、全面提升农民科技文化素质、助推我国农业农村经济高速发展和乡村振兴战略实施发挥极其重要的作用，进而推动我国现代农业绿色、可持续发展。

袁隆平

二〇二一、元、廿八、

Foreword 前言

党的十九大以来，湖南省现代农业的发展水平明显提升，新型农业经营主体不断发展壮大，湖南省农业发展正在经历深刻而复杂的变化。新型农业经营主体、新技术、新业态、新模式不断涌现，在实践中诞生的一大批新知识、新技术、新模式急需进行归纳与整理。为此，湖南省农业农村厅老科学技术工作者协会组织了一批湖南省农业系统熟悉现代农业和农业生产新技术的专家、教授和一线农技推广专家，精心编撰了这套“现代农民教育培训”丛书，以提升农业产业从业人员的生产技术、经营管理能力，以促进农业农村的发展与振兴。

农田生态种养是编者多年在农业生产、农业发展过程中总结出来的一条农业生产发展道路。这种方式农田利用率高、资源利用率高、资源消耗低、循环持续性好，改变了传统农业追求高产量的生产方式，为农业更好的发展提供了方向。农田生态种养这种模式是利用植物、动物、微生物、自然环境和人力创造的条件这五个方面及其关系，充分考虑水稻、水草、水环境、微生物、水生动物、陆生动物等生物间关系以及生物与非生物关系，农田生态系统种植水稻、油菜等粮食油料作物和经济作物，同时养殖鸡鸭鹅、鱼虾蟹、鳖鳅鳝等典型的适合在农田生态系统中养殖的动物，不施用化肥和农药，进行生态循环发展。水稻等的病虫草害靠养殖动物控制和处理，肥料养分来源于秸秆还田、有机肥、水生动物排泄物。养殖的动物依靠农田这个生态系统获得需要的食物和生存生长环境。在农田生态系统里进行生态种养，可降低成本，节约资源，提高农产品品质，循环安全环保，农民收益高，农民农业生产积极性大大提高。该模式具有很好的经济效益、社会效益和生态效益。

本书主要特点：一是实用性强。本书的服务对象主要是新型农业经营主体。因此，本书不追求理论体系的系统性和完整性，以生产过程、职业需求为导向，理论知识以实用、够用为度，加强操作指导，满足实际操作需要。二是体例新。本书服务于湖南省特色农业产业体系发展，围绕提高高素质农民的综合素养和生产经营能力，坚持实用性、针对性、可操作性并重。体例上坚持按照生产环节设计，做到“实用、够用、略有延伸”，强调案例启发，适当拓展。三是内容新。选编内容资料新、技术新、生产理念新；强化节能减排、生态保护、标准化生产、农产品质量安全等方面；包括产前规划、产中技术、产后营销等。四是创新内容表现形式。本书对关键知识点和技能点进行梳理，结合已有资源，通过图片、音频、视频等形式呈现，生成二维码，形成集媒体教材、文字教材于一体的实用技术手册。读者使用手机扫描二维码就可以进行实际操作学习。

本书的编写立足于生产实际，旨在帮助农业从业人员掌握农田生态种养生产规律，并指导实践。本书分十三章，选取了当下农田生态种养较好的模式。

编写时参考或引用了一些文献资料和书籍，在此，谨向作者和出版单位致以谢意！

由于编者水平有限，书中难免有不足之处，恳请读者予以批评指正。

编　者

2021年3月

Contents 目录

Chapter 1

第一章 农田生态种养工程基本要点

一、 农田生态种养工程的内涵与框架

农田生态种养工程是以人为本，以农田为平台，以丰产、高效、生态、优质、安全为目标，以社会需求和产业化为导向，以农作物、水生动物、禽类进行立体生产的工程。农田生态种养工程遵循农田系统物质循环原理，以片区农田为单元，设计基于最优化，工艺采用分层多级利用，实现农作物、水生动物、禽类共生，农田持续高效生产、能量转化多功能利用、物质循环利用、减肥减药、环境自净。农田生态种养工程分为水田生态种养工程与旱地生态种养工程两类。

农田生态种养工程是一个基于农作物和相关动物、植物的大系统。其具有三性：一是具有稳定性。稳定性包括农田的稳定性、作物与水生动物及禽类生产的稳定性、农产品供应的稳定性、农民的稳定性。二是具有关联性。关联性体现在两个方面：一方面，关联土木工程、种植、养殖、农田循环利用、微生物、环保、安全及人的健康等；另一方面，构建了一个复杂的农田生态系统，关联到本系统的每一个成员。三是具有持续性。该工程对社会有重要的意义，提供更多就业机会和物质，产品高产、优质、高效、生态和安全。

与常规农作物生产、水生动物养殖、家禽养殖比较，农田生态种养工程优势明显，范围上更强调由丘块扩展至一片农田；空间上更强调由平田扩展至塘、垄、厢、沟、凼、田埂形成的大立体结构；时间上更强调由春、夏、秋三季扩展至全年；互作上更强调由生物与环境间关系扩展至生物与生物关系、生物与非生物间关系。

实行农田生态种养工程，农作物生产转型升级：片为单元，塘田一体，四季生产；田方埂高，厢宽沟深，沟中有水；水中有鱼，水面有萍，水上有鸭；厢中有蚯蚓，厢面有秸秆，厢上有植物与动物，垄上有鸡；稻中有内生菌，稻表有护泥；冬季有豆科作物和绿肥，早春有花，暮春有青果。

农田生态种养工程能进一步挖掘作物生产时空潜力，解决农田生产、作物生产相对效益偏低、肥料利用不合理、灌溉用水与农药用量大、耕作强度与管理强度大的问题，同时也有助力于解决水产养殖、家禽生产暴发

性疾病防控与过多使用药物的问题。

二、 农田生态种养工程的形成与发展

由我国创造的“稻鱼共生”“稻鱼鸭共生”两个模式分别于2005年、2011年被联合国授予“全球重要农业文化遗产”，是典型的稻田生态种养工程。稻田生态种养经历了从模式向工程的转变，凝聚稻作精华。我国江南一带稻农在漫长的实践中创造了稻田生态种养模式：在水稻生长过程中，将鱼苗、雏鸭、雏鸡或成鸭、成鸡放入稻田，让它们互利共生，既为鱼、鸭、鸡提供活动场所，又为其提供昆虫、嫩草、田螺等饵料和生产环境，动物的活动可以产生中耕、除草、施肥、提高产品品质的作用。

初级阶段的稻鱼共生、稻鱼鸭共生模式以稻为主，兼顾鱼、鸭、鸡，一水两用、一田两用，稻鱼鸡鸭多收。稻田生态种养工程则是针对稻田生态种养模式的优势与劣势，以生产商业化、产品市场化、产业特色化为目标，优化生产单元结构，增强已有功能，增加新的功能，在整体上进行改进，形成稳定性强、持续性强的生态工程，其最大的改进是设计上以片区稻田为单元，采用塘田结合、垄厢结合方式，既增加单位面积产出，又增强系统稳定性。

稻田生态种养工程是典型的立体型稻田生态种养复合生态系统，即在一片相邻的稻田中，把种植水稻、前后茬作物与水生动物、禽类按一定结构组合在同一生态系统中，充分利用稻田的立体空间，实现光、热、水、氧及生物资源的高效耦合，其关键点是提高稳定性和抗逆能力，同时增加稻田生态系统的能量产出、改善稻田环境、改善动物与植物产品品质。

稻田生态种养工程与稻田生态种养模式相比较，其区别主要在以下几点：①设计尺度上将以一丘田为单元变为以一片田为单元；设计主体尺度上将以单一生物独立作用为主变为以多种生物协同作用为主，如稻鸭模式，鸭主要是为水稻消灭害虫、中耕除草和提供有机肥，遇连续低温阴雨或鸭苗过大或过小，不能满足中耕除草要求时，则可用个体重0.5千克以上的草鱼或者个体重0.2千克以上的鸡代替。②设计结构上由粗放组织向精准控制转变，如由鸭子在稻田中游牧向在单位面积上固定一定数量鸭子围栏养殖转变，如果鸭群数量过小则补入一定数量个体重0.2千克以上的鸡；群体过大则将其调出。③设计功能上由单纯为水生动物、禽类提供活动场所向提高稻田利用的经济、生态、社会综合效益转变，如在不施用杀虫剂、除草剂的前提下，增加包括摸鱼体验、稻田观光、研学旅行等拓展，实现一二三产业融合。

三、 农田生态种养工程是农业产业发展的需要

1. 粮油产业发展的需要

我国正大力推进乡村振兴，并把产业兴旺作为第一抓手。在南方，水稻生产是农业生产的大头，稻农无论经营规模大小，都有增加收入的强烈愿望。单纯的水稻生产收入来源渠道单一，难以实现大幅度增收。我国涉稻企业经营产品相对单一，主要是与水稻产前、产中、产后相关的农业生产资料、水产品的经营，经营量增加。种粮大户在极端天气概率增加的情况下，要确保粮食稳产有一定困难，通过稻田生态种养工程，稻农在极端气候条件下也可能有水产、家禽的收入，相当于为水稻生产提供了保障，有利于保护稻农的生产积极性。

2. 水产行业发展的需要

为保护水库水质，各地正加大网箱上岸的力度。一方面要保持水产的产能，另一方面要解决大批鱼离开水库暂养或长期饲养的问题。目前网箱上岸的主要品种为青鱼、草鱼、鲢鱼、鳙鱼四大家鱼，除青鱼外，草鱼、鲢鱼、鳙鱼都很容易在稻田中与水稻共生。在稻田建立鱼凼后可养殖青鱼，而且还可实现多种鱼混养。此外，稻田养鱼可以有效解决池塘精养面临的尾水处理成本增加的问题，在正常密度下水稻可吸收水中富余养分，无需进行尾水处理，而且稻田能生产出品质更高、价格更高的水产品。

3. 作物生产发展的需要

无论是水稻还是其他旱地作物，它们在生长过程中都需要水。农民为了应对可能遇到的干旱，会在农地蓄水，但蓄积的水并不能用在作物最需水的时期。建设“稻＋”农田生态种养工程，在水稻生长过程中，可以适当深灌以蓄水，对稻田养鱼、养鸭、养蛙虾蟹有利。对于旱地作物，则需排水以形成干燥环境，利于鸡的生长。与现有种植方式比较，农田生态种养工程适应不同区域、不同作物、不同生产方式的能力更强。

四、农田生态种养工程的类型

农田生态种养工程分为水田生态种养工程与旱田生态种养工程两类。以稻田生态种养工程为例，受地域、水源、气候等因素的制约，不能采用单一模式，而应因地制宜、因时制宜。在长期的实践中，我国稻农不断探索、创新，形成了同时具备产业化、市场化的稻田生态种养工程，北至黑龙江，南至海南，东至台湾，西至新疆，无论是规模还是单产，效益都领先于世界，该工程成为我国稻作的又一张新名片。稻田生态种养工程可分为稻＋、稻田＋、稻作＋3 种。

1. 稻+ 模式

主要利用水稻生育期间大部分时间可保留水层的优势，形成水产、鸭活动的环境，建立稻鸭共生、稻鱼共生、稻鸡共生、稻鱼鸭共生模式。一是耦合成稻＋禾花鱼、稻＋蟹、稻＋小龙虾、稻＋鸭、稻＋青蛙、稻＋泥鳅、稻＋甲鱼、稻＋鸡、稻＋南美白对虾、稻＋草鱼、稻＋美国斑点叉尾鮰等；二是耦合成稻＋多种水生动物、水禽，如稻＋禾花鱼＋鸭、稻＋小龙虾＋蟹＋白鲢花鲢、稻＋鳖＋草鱼＋白鲢花鲢＋螺、稻＋青蛙＋泥鳅、稻＋草鱼＋鲫鱼＋泥鳅等。

2. 稻田+ 模式

主要利用稻田蓄水方便并具有一定的排水能力的优势，种植其他水生植物或旱生植物、养殖其他家禽。一是可以种植其他水生植物如莲、茭白、菱角等；二是可以在冬季种植油菜、蚕豆、豌豆等；三是可以在稻田中形成垄沟凼式、厢沟式的旱作结构，垄、厢上种植水稻并养鸡，沟凼中养鱼。

3. 稻作+ 模式

基于我国稻作源远流长、类型丰富，推广稻作文化。一是利用稻作的生态原料生产文化产品，稻田生态种养形成的稻谷可加工成鱼米（虾米）、米酒、糍粑、甜酒等，鱼、鸭、鸡可加工成休闲食品、发酵食品、节庆食品，稻草、荷叶可加工成工艺品、保健品；二是为旅游观光、生产体验、科普教育提供场所。此模式有 8 个特点：①操作性强。只要有田，近郊乡村都可推广。②娱乐性强。抓鲤鱼、摸泥鳅，或收获满满，或留点遗憾。

③观赏性强。抓鱼的喜悦溢于言表。④挑战性强。收获成果可以由大小、数量和品种决定。⑤参与性强。无论男女老少都可参加，有经验更好，没有经验更有挑战。⑥安全性强。水浅、埂低、稻矮，便于监护、观察。⑦普适性强。要求低，不受规模大小、有无经验的限制。⑧稳定性强。不受气候影响，晴天可准备防晒工具，雨天可用防雨工具，只要下田，就有收获。

五、 农田生态种养工程的理论分析

1. 社会适应性

不同农田生态种养模式的社会适应性不同，最重要的判断标准是风险控制能力。农田生态种养发展状况的一个重要标志是持续性。少部分经营者从事农田生态种养以失败告终，其原因就是风险管控能力弱。经营大户从事农田生态种养首要的工作是确定适宜的模式，而风险度量则是经营者本身控制风险的能力。

2. 物质利用分析

与作物单种、农田种养模式相比，农田生态种养工程在物质利用方面有更大的优势，主要体现在循环利用、形成食物链和更优的生态系统环境。

3. 投入辅助能分析

采用稻田生态种养工程，可减少辅助能投入，最显著的是减少农药的投入，其次是减少人力的投入。与单种水稻比较，采用稻田生态种养工程，显著减肥减药，显著减少辅助能。

4. 能量消耗及转化

稻田种养工程可提高能量转化效率，变废为宝，其中转化过程中最具有生态学意义的是在水稻与生物之间，增加了鸡鸭的生物环节，杂草、浮游动植物成为鱼的饵料。

5. 空间、 时间利用及空间与时间利用耦合

空间、时间利用及空间与时间利用耦合的状况见表1-1。

表 1-1　单种水稻、稻鱼种养模式、稻鱼生态种养工程空间与时间利用及其耦合

模式	空间利用	时间利用	空间与时间利用耦合程度
单种水稻	利用不充分	利用不充分	时间空间耦合度低
稻鱼种养模式	利用较充分	利用较充分	时间空间耦合度较高
稻鱼生态种养工程	利用充分	利用充分	时间空间耦合度高

六、 农田生态种养工程的功能与优势

1. 农田生态种养工程的功能

与常规作物生产、水产养殖、家禽生产相比，农田生态种养工程能发挥更大的功能。一是田更净。垄厢栽培后形成稳定的净土作用。二是土更肥。冬季可栽培油菜、豆类，春秋季有绿萍，鱼与家禽排泄物就地利用为稻田提供优质的有肌肥，培肥土壤。三是田更大。采用垄厢栽培后，田表面积更大，蓄水量更大，提高了农田的生产率。

采用农田生态种养工程，形成水体区、湿生区、过渡区、旱生区，生物多样性增强，农作物抗倒能力增强，地下部活动空间增大，动物食谱扩大、栖息范围扩大，适应极端气候能力增强，适应市场变化能力增强。

2. 农田生态种养工程的优势

与农作物、水生动物、家禽常规生产比较，农田生态种养工程优势明显。一是调动种植业、养殖业大户生产积极性，保持生产能力。二是调动涉农企业经营的积极性，促进农产品流动的主动性。三是促进农作物面积稳定，为粮食安全出力，保障粮食持续增长。

农田生态种养工程满足经济需求有优势。我国农业产业提质升级正加速推进，实行生态种养，让普通农产品变优质产品、优质产品变精品、中档与低档产品变为高档产品。以稻鱼鸡鸭混合生态种养为例，水稻升值，田鱼成为珍品，鸡鸭成为礼品。

此外，农田生态种养中的稻鸡或稻鸭模式，保证了稻田内全年有鸡或鸭活动，解决了免耕后杂草难控的问题，也解决了秸秆处理的问题；免施农药，少施化肥，不灌泡田水；水库鱼进田，工厂鸡下地，秸秆实时全量还田。

七、 农田生态种养工程的方法与技术

在农作物、水生动物、家禽常规生产方法、技术基础上进行改进，形成农田生态种养方法：高秆抗倒水稻品种与丰产抗逆水产品种结合，免耕与培土结合，禾本科与豆科结合，禾本科与十字花科结合，沟灌与雨灌结合，作物与鸡鸭鱼结合，秸秆还田与蚯蚓培育结合，化肥与有机肥结合，防草与治草结合，病虫防治与鸡鸭饲养结合。

农田生态种养技术：水稻品种选择技术、水生动物与家禽品种选择技术、水稻抗倒技术、水生动物与家禽防天敌技术、土壤与水体增肥技术、机械开沟分厢与清沟散土技术、深沟养鱼与养螺技术、厢垄养鸡与养鸭技术、厢垄养殖蚯蚓技术、水稻机械旱直播技术、水稻机械丢秧技术、水稻施肥技术、病虫草害防控技术、冬季作物种植技术、冬季低温和夏季高温水生动物度过技术。

八、 农田生态种养工程的农艺与条件

1. 品种要求

水稻品种：高产优质、高秆抗倒、抗病抗虫、株型紧凑、耐非生物逆境（如镉低积累）、养分高效利用、适宜机械化（轻简化）、根系发达分布深。适宜品种有农香 32、丰优香占等。

豌豆品种：品质好，抗病虫，耐渍，早熟，高产，直立，秆略高，抗倒，株型紧凑。

蚕豆品种：生物量大，品质好，抗病虫，耐渍，早熟，高产，秆略高，抗倒，株型紧凑。

油菜品种：高产，高油酸，花艳，花期长，早熟，抗倒，秆略高，低芥酸，低硫苷。

紫云英品种：高产，半匍匐，花艳，花期长，早熟，易繁种。

水生动物品种：适合浅水，生长周期适中，冬季耐低温，夏季耐高温，自然繁殖能力强，商品性好，商品弹性大，适合年轻人群消费。

禽类品种：生长周期适中，耐湿，具有观赏性，商品性好，商品弹性大。

蚯蚓品种：高产，耐湿，繁殖系数大，非生物逆境抗性强。

2. 管理策略

农田选择原则上以三低农田为主，即低产田、低洼田、低温冷浸田。土壤要求不高，严重沙漏田可养殖泥鳅；如果养殖鱼，可沿田埂加防渗膜，少量投入即可解决漏水缺水问题。肥料以有肌肥为主，冬季以培肥与养鱼肥田为主，化肥为辅。以蓄水为主，灌溉为辅，无泡田水。以沟灌为主，不上厢面。投放中、大规格禽、鱼、螺，在田中轮捕轮放，尽量缩短长周期以减少自然风险，提高商品率。蚯蚓在田中生长繁殖，注意防范天敌。植物保护以禽、鱼生物防控为主，物理诱杀为辅，原则上不采用化学防治。以中小型机械为主，半机械化为辅。开拓研学旅行市场、观光旅游市场、休闲体验市场，以中高端市场、团体市场、节庆市场为主。

3. 技术策略

水稻生产：一季稻与双季稻相结合、机械直播与机械插秧相结合、水管与旱管相结合。

旱作生产：轮作与间作相结合、直播与移栽相结合、免耕与浅耕相结合、早播与早收相结合、混种与轮种相结合。

动物生产：中密度与循环水结合、自然饵与辅助投喂结合、体验捕捞与生产捕捞结合。

产业融合：生产与观光结合、观花与采摘结合、科教旅游与休闲旅游结合、会议参观与团队旅游结合。

九、 农田生态种养工程的结构

农田生态种养工程结构包括设施结构、生物结构。以稻田生态种养工程为例，要获得持续、稳定的稻田生态种养效益，设施结构必须具备较强的防洪防旱、周年均衡生产两种能力。要形成这些能力，生物结构的设计必须由稻＋鱼、稻＋鸭、稻＋鸡向稻＋N 转变，即稻田中混养多种水生动物、家禽品种；设施设计与实施的思路必须由盲目建设向因地制宜转变；设施设计与实施的单元必须由水道向水道与鱼道结合转变；设施设计因素必须在生物、场地的基础上增加生态因素。在总结前人经验的基础上，集成平板式、田凼式、垄沟式、塘田式的优点，提出塘田厢结构，即在一垄田和一片田中设计莲塘、田渠、垄沟、厢沟，并将其有机衔接、有序构建，形成持续、稳定的生产能力。

十、 农田生态种养持续发展的难点与对策

1. 鱼鸡鸭养殖难点与对策

难点：与农作物生长期的有效配合、与最佳上市季节的有效配合、与旅游旺季的有效配合、与周年销售的有效配合。

对策：水生动物轮捕轮放、家禽计划生产。

2. 水生动物与家禽冬季生产难点与对策

难点：少水与低温、自然饵料减少、冬季自然饵料减少导致天敌在生态种养田集聚、捕食活动减少导致捕获困难。

对策：秋季增肥、设施养殖、秋苗早放。

3. 水稻病虫草防治难点与对策

难点：垄厢免耕栽培条件下控制病虫草发生。

对策：病虫草防重于治、周年作物生产实现零农耗、精准投放大小与数量均适宜的养殖动物。

4. 早稻销售难点与对策

难点：销售难。

对策：加强宣传并将其作为绿色米粉原料、多举办体验活动和推广绿色产品、部分作为饲料并作为辅料、种植部分早糯。

5. 长期免耕的难点与对策

难点：可能导致产量降低、土壤板结、优势杂草泛滥。

对策：水旱轮作、定期轮流深耕、种植高秆抗倒作物。

6. 蚯蚓与作物共生的难点与对策

难点：共生困难、持续困难。

对策：免耕少耕、控制水位、控制农药、预防天敌、秸秆还田。

7. 产业融合困难点与对策

难点：一二三产业融合难，有生态产品，没有畅销商品。

对策：建立稻作公园、稻田公园、以企业与大户为主建立样板与典型、因地制宜分类推进、产业融合长短结合。

Chapter 2

第二章 农田稻鱼生态种养技术

一、农田稻鱼共生

农田稻鱼共生（图 2-1）是依据生物学互利共生和生态经济学原理，在农田中进行种植和养殖，是一种良性循环的生态模式。著名生物专家倪达书先生曾指出：农田养鱼既可以在省工、省力、省饵料的条件下收获相当数量的水产品，又可以在不增加投入的情况下使稻谷增收 10%以上。稻田养鱼鱼养稻、稻鱼双丰收。农田生态种养已从传统意义上的种稻养鱼发展到农田种植莲藕、茭白、慈姑、水芹、油菜、豆类等经济植物，养殖蟹、虾、鳅、鳝、鳖、鲟、蛙、鸭、鸡、黑水鸡、鹅等水生动物和禽类。

图 2-1 农田稻鱼共生

二、农田稻鱼生态种养的优势

【扫二维码视频 1】
农田生态种养
关键点

1. 农田养鱼，鱼稻双丰收

农田养鱼实行种植和养殖相结合，稻鱼互相促进，既获渔利，又增加稻谷产量。据调查统计，一般养鱼稻田比单种水稻的稻田稻谷增产 5%～15%，高的可达 20%～30%，稻田养鱼不影响稻谷产量。

2. 减少农业面源污染

农田养鱼通过生物间及生物与非生物间关系，通过食物链，达到防治病虫草害的目的，采取科学合理的养殖品种搭配，能有效地控制农田杂草的生长和病虫害的发生，少用或不用除草剂和农药。根据相关研究数据，鱼类摄食的杂草、昆虫和水体中的有机质 30%～40%被鱼吸收消化，并转化成优质水产品，60%～70%变成鱼类的排泄物回归农田，增加稻田土壤中有机质的含量，起到生物保肥、增肥和提高肥效的作用。研究表明，如果鱼产量达到 450 千克/公顷，一个生产周期可产生 1 000 千克的泥粪，大大降低了化肥的使用量。因此，稻田养鱼可有效地减少使用化肥、农药和除草剂造成的农业面源污染，防止土地酸碱化的发生。

3. 提高水土资源利用率

增加有效蓄水，稻田养鱼利用现有的稻田实现了“一田二用，一田双收”，既收获了稻谷，也生产了水产品，提高了土地资源的利用率。养鱼的稻田相应加高、加宽、加固了田埂，开挖沟凼等田间工程，大大增加了稻田的保水和蓄水能力，有利于抗旱防洪。

4. 除虫灭害防病，改善农村卫生条件

稻田养鱼后，鱼类把稻田里对人类有害的病原生物作为食物吞噬掉，如血吸虫、蚊子幼虫孑孓等，据测定，体长 4～5 厘米的草鱼每天要消灭 400 多条孑孓。因此，养鱼稻田中的库蚊比未养鱼稻田的减少 95.5%～99.5%，摇蚊幼虫减少 72.2%～88.9%。消灭蚊子对于保障人畜健康和改善环境卫生具有重要意义，可有效控制疫病的发生率。

5. 修复乡村生态环境

农田养鱼后，水稻的病虫害明显减少，农药使用量大大减少，使稻田环境中和稻谷中的农药残留量有所减少，而且稻田中害虫的天敌蜘蛛、青蛙数量明显增加，展现出“稻花香里说丰年，听取蛙声一片”的田园牧歌景象。

6. 培养大规格鱼种

稻田养鱼周期短，更适合培养大规格鱼种，而且不挖池、不占地、不占现有的养殖水面，又能节约饲料。比如培育草鱼种，可在稻田中放养草鱼夏花每亩[①]1 000 尾左右，育成体长 10～15 厘米的鱼种通常只需 2 个月左右的时间，成活率 90%左右。

7. 增加淡水鱼的产量

农田养鱼可发挥水田资源优势，使水田生态系统为人类创造更多的物

① 亩为非法定计量单位，15 亩=1 公顷。

质财富。特别是对促进内陆地区、山区淡水渔业的发展发挥重要作用，使边远地区、山冈丘陵区、山区人民也能吃到新鲜活鱼，改善人民生活。

8. 调整农村产业结构，增加农民收入

将水产养殖引入种植区，不仅改变了农村的经济结构，而且增加稻田的经济效益，稳定了农民种粮积极性，因此，各地农村将农田养鱼当作富民工程来抓，作为增加农民收入、稳定农民种粮积极性的战略措施。

三、农田选择及田间工程建设

1. 农田养鱼的基本原则

（1）因地制宜原则。农田养鱼做到“三个坚持、两个结合”。“三个坚持”是坚持以利用低洼田、可养鱼农田为主；坚持以集中连片发展为主，以村组为单位统一规划布局，统一组织实施，建设一批稻田养殖专业合作组织；坚持以规模经营为主，把责任田和口粮田分开，鼓励种植户招标承包，使农田向种植专业大户流转。“两个结合”，一个是把农田养殖田间改造工程建设与农田水利基本建设相结合；另一个是把农田养殖田间改造工程与改造中低产稻田相结合。

（2）田间工程原则。做好生产设施建设，做到田埂实、田块不渗漏；稻鱼生长空间布局合理，鱼沟、鱼凼占稻田面积不超过10%；排灌系统科学、高灌低排、灌排分开，要求统一供水、统一病害防治；防逃设施安全合理、整个田间工程建设规范化。

（3）实用技术原则。在放养鱼种之前要求对稻田尤其是鱼沟、鱼凼进行彻底消毒，一般要求每公顷用生石灰（块灰、角灰）1 125千克，鱼种下田前用4%的食盐水浸浴消毒10分钟左右。

注意及时投饵（在水温、溶解氧最适宜时）、适时注排水、保持水质清新；在夏季高温季节在鱼凼上面搭遮阳棚，可利用稻草或者栽种葡萄、丝瓜等藤蔓植物遮阳，以利于鱼类等养殖对象顺利“避暑”。

同时注意防逃、防洪（雨季、暴雨季节）、防盗、防病、防敌害，适时捕捞上市。

2. 农田养殖的基本设施

开挖鱼沟（供鱼类自由活动、摄食）、鱼凼（供鱼类在水稻田施肥、喷洒农药时躲避，占水稻田的面积不超过10%，深1.5米）；通常田埂加固，高80厘米、宽100厘米。养鱼稻田的基本设施主要有两个方面：一是保证鱼类有栖息活动、觅食成长的水域；二是有防止鱼类逃跑的拦鱼设备。具体措施和设施如下：

（1）加高加宽加固田埂。田埂低矮而单薄的稻田应加高加宽加固。饲养鱼种的稻田田埂应加高至0.5～0.7米，饲养成鱼的稻田田埂应加高至0.7～1米，田埂宽0.4～0.5米，并捶打结实，不塌不漏（图2-2）。

图2-2　稻鱼生态种养改造后的田埂

（2）开挖鱼凼和鱼沟。鱼凼是指养鱼稻田的田边或田角挖成围绕稻田的深洼，以供鱼类在夏季高温、浅灌、晒田或施肥和施用农药时躲避栖息，同时也有助于鱼类的投饵和捕捞。鱼沟是纵横于稻田、连接鱼凼的小沟，其作用与鱼凼相同。

农田中鱼凼、鱼沟的大小、深浅与养鱼产量的高低密切相关。以往鱼凼、鱼沟面积为稻田面积的3%～5%。随着稻田养鱼的发展，目前鱼凼有逐渐扩大的趋势，这种做法对于养鱼无疑是有利的，但占用稻田面积过多会影响水稻产量。因此鱼凼面积的设定应以不影响水稻产量为前提，鱼凼、鱼沟面积通常不超过稻田面积的10%。

鱼凼：为永久性田间工程。占稻田总面积的5%～8%，深1.5米左右，圆形或矩形。鱼凼一般设在田埂边，切忌选在经常过往行人的田埂边。在田埂边开挖鱼凼，与田埂应保持0.8米以上的距离，以防止田埂坍塌。鱼凼采用二级坡降式，即在上部1米按坡比1∶0.5开挖，下部分以1∶1的坡比开挖，两部分之间留一宽30厘米的平台，用石板或条石或砖或水泥预制板护坡。为防止淤泥进入鱼凼中，应在鱼凼口边缘筑高5厘米、宽30厘米的埂。

宽沟式稻田养鱼实质上是以深沟代替鱼凼。其面积占总面积的8%～10%，沟宽1.5～2.5米，深1.5米，长度则依田块而定。开挖方法和护坡要求同鱼凼。如稻田一侧为河沟，往往靠河沟一侧为土地利用率低的河滩地，可将河滩地加深，靠河沟一侧筑堤加高，形成宽沟式稻田养鱼。其面积依河滩地面积而定。

鱼沟：为临时性田间工程。一般占总面积的3%～5%，深0.5米，宽0.4米。其形状根据稻田形状、面积而定，有“十”字形、“井”字形、“日”字形、“田”字形等。鱼沟的作用是供鱼类寻食、栖息和使其顺利进入鱼凼和进入大田的通道。鱼沟通常需在每年插秧（或直播、抛秧）前开挖好。如田块较大或较长，应顺长轴开挖中心沟，其宽0.8～1米，深0.5～0.7米。田埂边的鱼沟应在距田埂1.5米处开挖。

（3）进排水设施和避暑设施。为使水稻在不同生长发育阶段保持所需要的水深，在排水口设“平水缺”，以防止溢水逃鱼。即在排水口处用砖砌成“平水缺”，宽30厘米左右，平铺砖与田间的水面齐平。这样在加水或雨季时田间过多的水可从“平水缺”流出，以避免水位过高浸没田埂造成逃鱼事故。“平水缺”做好后，还需安装拦鱼栅。

进排水口的拦鱼设备：进、排水口开设在稻田相对两角的田埂上，要安装拦鱼栅，以防止逃鱼。拦鱼栅可用竹箔、聚乙烯网片等材料制作，做成圆弧形，凸面朝田内，以增加过水面积。栅的高低及孔隙大小视水位高低、鱼体大小而定，以不逃鱼为标准。

避暑棚：稻田水位浅，尽管开挖了沟凼，但在夏秋烈日下，水温可高达39～40℃，以致鱼类难以忍受。因此，必须在鱼凼之上搭设遮阳棚，以防止水温过高。遮阳棚以竹木或钢质材料为架，棚高1.5米，棚的面积占鱼凼面积的1/5～1/3，地点位于鱼凼的西南角。如鱼凼设在稻田中央，棚架上覆以稻草帘；如鱼凼设在田埂一侧，则可种植丝瓜、扁豆、刀豆、南瓜等棚架植物，既可为鱼类遮阳、降温，又可提高稻田的综合利用率。

四、 苗种放养

（一）稻田养鱼的类型

我国各地自然条件不同，水稻栽培制度各异。稻有单季、双季，田有肥沃、低洼、冷暖、冬囤水田之别。有的稻田只宜养鱼苗种，有的则可养成鱼。但养鱼稻田的基本条件是：水源必须充足，进排水方便，稻田土质保水能力强，不渗漏，大水不淹，天旱不涸，水质符合渔业用水标准。

各地因自然条件不同形成了多种稻田养鱼模式。通常可分为稻鱼共作、稻鱼轮作及冬闲田养鱼等。

1. 稻鱼共作

双季稻兼作养鱼，早稻插秧后放养鱼种，养至晚稻插秧前收获（或早稻收割后收获），晚稻插秧后再放养鱼种，养至年底（或晚稻收割后）收获；单季稻共作养鱼，水稻插秧后放养鱼种，养至年底收获。

2. 稻鱼轮作

早稻插秧后放养鱼种，养至年底收获，晚季不再种稻；上半年养鱼而不种稻，直至晚稻插秧前收获，晚稻不再养鱼；早稻收割后放养鱼种，下半年不再种稻，养鱼至年底收获。

3. 冬闲田养鱼

山区梯田冬季往往蓄水，其目的是保证翌年春季插秧时有水。因此在水稻收割后就将雨水积蓄起来过冬。如四川东部地区、湖南西部山区、湖南新化县紫鹊界梯田冬闲田养鱼多。目前多在稻收割后养鱼，并适当投喂，到翌年插秧前将鱼捕起，大鱼供应市场，小鱼作为鱼种，供水库放养用。一般一亩收获鱼可达 100 千克左右，而且稻田可免耕插秧，少施肥料。

4. 全年养鱼

一种类型是将稻田中临时性的窄沟浅凼改为沟凼合一的宽而深的永久性鱼沟。沟的形状依田块形状而定。这种类型称宽沟式稻田养鱼。其沟的面积不超过稻田面积的 10%，鱼产量可达 100 千克左右。

另一种类型是在稻田中起垄种稻，沟内养鱼（图 2-3），这种类型称为垄稻沟鱼。这是改造低产田的一种好方法。它能增加稻田土壤与空气接触面积，协调水、气、热的矛盾，增加地温，使土壤、水分、小气候和热量始终保持稳、匀、足、适，促进水稻根系发达，水分通过毛细管上升，实行浸润灌溉。沟内鱼活动使上下水层对流，可促进养分分解，保持和提高土壤肥力。通常沟宽约 0.5 米，深约 0.7 米，可增加稻田蓄水量，沟内施肥，培肥水质，增加鱼类的天然饵料。垄宽 0.7 米左右，可插 4～6 行秧。

每亩可养300尾鱼种（15厘米左右），其中草鱼、鲢鱼和鳙鱼、鲤鱼和鲫鱼约各占1/3。据重庆市试验结果，稻谷平均亩产量为450～500千克，成鱼50千克。

图2-3 稻田生态种养垄上种稻，沟内养鱼

（二）苗种放养

稻田养鱼有各种类型，现以宽沟式稻田养鱼技术为代表，介绍如下：

1. 稻田的生态环境及田中适宜养殖的鱼类

稻田水浅，昼夜温差明显，水体交换量大，水生植物较多，溶氧充足，丝状藻类、底栖生物和水生昆虫多，致病菌少，稻田养鱼的鱼病较少。根据这些特点，稻田中宜饲养草鱼、团头鲂鱼、鳊鱼等草食性鱼类和鲤鱼、鲫鱼、罗非鱼、虾、蟹等底栖的杂食性鱼类，搭配少量鲢鱼、鳙鱼等滤食性鱼类和泥鳅、乌鳢、田螺、幼蚌等。为提高产量与效益，要求放养品种合理、搭配得当、规格适中、体格健壮。稻田养鱼一般应以草鱼、鲤鱼、鲫鱼为主，同时搭配部分鳙鱼和罗非鱼；鱼苗鱼种规格则要视养殖模式而定。一般要求鱼种大小适中、体格健壮。

2. 鱼种放养

由于各地稻田养鱼技术水平、饲养鱼类、栽培技术以及养殖模式和鱼产量不同，其鱼类放养的可塑性较大。

（1）水花养成夏花，通常每亩放养2万～4万尾。

（2）夏花养成冬片鱼种，每亩放3 000尾左右，产量达50千克左右。其中草鱼、团头鲂占70%，鲤鱼、鲫鱼各占10%，鲢鱼、鳙鱼各占5%。

如不投饵，则放养量降低 1/2。

（3）冬片鱼种养成至食用鱼，通常每亩放养 8～15 厘米的鱼种 300 尾左右，产量达 50 千克左右。高产养鱼稻田可放养 8～15 厘米的鱼种 500～800 尾。现将亩产成鱼 100～150 千克的三种养殖模式、投放鱼种、数量及大小规格简介如下：

①主养草鱼类型，每亩放养草鱼 250～300 尾，规格 30～50 克/尾；鲤鱼或鲫鱼 50 尾，规格 15～50 克/尾；罗非鱼 100～150 尾，规格 10～20 克/尾。

②主养罗非鱼类型，通常每亩放养罗非鱼种 500～600 尾，规格 10～20 克/尾；草鱼 50～100 尾，规格 30～50 克/尾；杂交鲤鱼 50～60 尾，规格 15～50 克/尾。

③主养鲤鱼类型，通常每亩放养鲤鱼 300～350 尾，规格 15～50 克/尾；罗非鱼 200～250 尾，规格 10～20 克/尾；草鱼 30～50 尾，规格 15～50 克/尾。

五、 水稻栽培

稻田养鱼后，稻田的生态条件由原来单一的植物生长群体变成了动、植物共生的复合体。因此，水稻栽培技术也应相应改进。

1. 水稻品种选择

由于各地自然条件不一，稻田养鱼的水稻品种也各有特色。其原则是宜选择品质好、分蘖力强、茎秆粗硬、耐肥、耐淹、叶片直立、株型紧凑、抗倒伏、抗病虫害、产量高的水稻品种，杂交水稻或高产大穗常规稻。

2. 水稻的栽培

①秧苗类型以长龄壮秧、多蘖大苗栽培为主。移栽后，可减少无效分蘖，提高分蘖成穗率，并可减少和缩短晒田次数和时间，改善田间小气候，减轻病虫害，从而达到稻、鱼双丰收。

②秧苗采用壮个体、小群体的栽培方法。即在整个水稻生长发育的全过程中，个体要壮，以提高分蘖成穗率，群体适中。这样可避免水稻总茎蘖数过多、叶面系数过大、封行过早、光照不足、田中温度过高、病害过

多、易倒伏等不利因素。

③栽插方式为宽行窄距。采用这种条栽方式，稻丛行间透光好，光照强，日照时数多，湿度低，病虫害轻，能有效改善田间小气候。既为鱼类创造了良好的栖息与活动场所，也为水稻提供了优良的生长环境，有利于提高成穗率和千粒重。早稻行株间距以 23.3 厘米×8.3 厘米或 23.3 厘米×10 厘米为佳。晚稻如常规稻行株间距以 20 厘米×13.3 厘米为佳，如杂交稻行株间距以 20 厘米×16.5 厘米为佳。水稻栽插密度应根据水稻品种、苗情、地力、茬口等具体条件而定。例如，杂交稻中苗栽插，密度通常为 1.5 万穴左右，4 万～6 万基本苗；常规稻采用多蘖大苗栽插，密度为 2 万穴左右，12 万基本苗。地力肥、栽插早的稻田密度还可以适当小一些。稻田养鱼开挖的鱼凼、鱼沟要占一定的栽插面积，为保证基本苗数，可采用行距不变，适当缩小株距、增加穴数的方法来解决；并可在鱼沟靠外侧的田埂四周增穴、增株，栽插成篱笆状，以充分发挥和利用边际优势，增加稻谷产量。

④稻田以施有机肥料为主，化肥为辅。要重施基肥、轻施追肥，提倡化肥基施、追肥深施和根外追肥。

⑤稻田排灌应保持鱼沟中有一定高度的水位，晒田时间和程度不能过长、过重。

⑥稻田内病虫害的防治以农业生态综合防治为主。

六、 饲养管理

1. 投饵施肥

稻田中杂草、昆虫、浮游生物、底栖生物等天然饵料较多，每亩可养殖生产 20～30 千克的天然鱼产量。但要达到 100 千克以上的鱼产量，必须采取投饵施肥的措施。稻田养鱼以投饵为主，特别是以投喂商品饲料为主，如油饼类、糠麸类饲料。食场设在鱼凼或鱼沟内，每天投喂 1 次。日投饵率控制在鱼体重的 1%～3%，投饵时间在 8:00—9:00 或 15:00—16:00。施肥以粪肥为主，不宜施用化肥或绿肥。粪肥须经过腐熟发酵后泼洒全田，但不宜施入沟、凼内。施肥量可按池塘施追肥量的 1/4～1/3。

2. 日常管理

水浆管理：养鱼稻田的水浆管理既要满足水稻的生长，又要考虑鱼类生长的需要。在可能的情况下，应尽可能加深水位。一般在水稻栽插期间要浅水灌溉，返青期保持水位4～5厘米，以利活株返青。分蘖期更需浅灌，可保持田水水位2～3厘米，以利提高泥温。至分蘖后期，需深水控苗，水位保持6～8厘米，以控制无效分蘖发生。水稻在拔节孕穗期耗水量较大，稻田水位应控制在10～12厘米或更深一些。在水稻扬花灌浆后，其需水量逐渐减少，水位应保持5厘米左右。水稻成粒时还应升高水位，以利鱼类生长。在收获稻谷时，可逐渐放水，将鱼赶入主沟或鱼凼中。收稻时，应采用人工收割，并将稻谷运至田外脱粒。收获后要及时灌满水，以利鱼类生长。

防漏和防溢逃鱼：稻田养鱼的日常管理最关键的是防漏和防溢逃鱼。因此，必须经常巡视田埂及检查拦鱼网栅，特别是雨天要及时排水，注意清除堵塞网栅的杂物，以利排注水畅通。稻田中田鼠和黄鳝都会在田埂上打洞，往往会造成漏水逃鱼，应仔细检查，发现后及时堵塞。

3. 稻田捕鱼方法

在捕鱼前数天，应先疏通鱼沟、鱼凼，挖去淤泥，然后缓慢放水，使鱼集中在沟、凼中，再用手抄网等网具在沟、凼中捕鱼。捕出的鱼放入盛水的桶中，然后送往事先放在池塘或河沟的网箱中，以清洗鱼鳃内残存的泥沙。如在未割稻的情况下捕鱼，必须在晚间放水，而且放水速度要慢，防止鱼躲藏在稻株边或小水洼内难以捕捉。在缺少时和不便排水的稻田或冬水田中，可用鱼罩或其他工具捕捞。

七、 关键问题及解决方法

稻田养鱼出现的稻鱼矛盾主要有三个方面，即浅灌、晒田与养鱼的矛盾，稻田施用化肥与养鱼的矛盾，稻田施用农药与养鱼的矛盾。

1. 浅灌、 晒田与养鱼的矛盾及其解决方法

水稻是沼泽性植物，其根不是水生根。为满足水稻根对氧气的需要，在水稻生长期必须经常调节水位，干湿兼顾，以促进根系发育。因此，稻田浅灌和晒田是水稻高产栽培的一项重要技术措施，但这些措施对鱼类生

长不利。鱼类需要水量较多，水位稳定的环境又不利于水稻生长。因此，稻田养鱼必须创造一个稻、鱼互利的环境条件。

水稻田对水位的要求是前期水浅，中、后期适当加深水位。前期水浅，此时鱼体也小，对鱼的活动影响不大；中、后期，随着水稻生长和鱼类的长大，田水水位也相应加深，基本符合鱼类活动要求。因此稻田浅水勤灌对鱼类影响不大。

晒田又称烤田、搁田。一般在水稻栽插 1 个月后进行。有时要将稻田晒得水稻浮根泛白，表土轻微裂开，以控制无效分蘖，促进水稻根系向土层深处发展，保持植株健壮，防止倒伏提高产量。晒田对稻田中鱼类的生长有一定影响。要解决这一矛盾，除要求轻晒田外，还应从水稻栽培和开挖沟、凼等综合措施入手。即培育多蘖壮苗，特别是培育大苗栽插，栽足预计穗数的基本茎蘖苗，这样可以大大减少无效分蘖的发生。施肥实行蘖肥底施，严格控制分蘖肥料的用量，特别是无机氮肥的用量，使水稻前期不猛发，达到稳发稳长，群体适中，这样可减少晒田次数和缩短晒田时间。此外，水稻根系有 70%～90%分布在表层 20 厘米之内的土层，而开挖鱼沟要求深不少于 50 厘米、鱼凼深不少于 100 厘米，晒田时，把鱼沟、鱼凼里的水位降低 20 厘米，鱼沟内还有 30 厘米、鱼凼还有 80 厘米深的水位，不影响鱼类正常生长。

晒田前要清理鱼沟和鱼凼，把沟、凼内淤积的浮泥清到田面或田外，并调换新水，以保持沟、凼通畅，水质清新，以利鱼类正常生长。

目前不少稻田养鱼高产的稻农一般采用轻晒田或不晒田。所谓轻晒田，就是在晒田季节，晴天白天放水晒田，夜间灌水。如稻田不晒田，其水稻品种往往为茎秆粗壮、不易倒伏的杂交稻种，并用多蘖大苗栽插，在分蘖后期用提高水位的方法来控制无效分蘖。

2. 稻田施用化肥与养鱼的矛盾及解决方法

稻田追肥主要是施用氨态氮肥，对鱼类影响较大。施肥前通常要求降低稻田水位，而且施肥量大（通常每亩 10～20 千克），施肥后田水肥分浓度高，对鱼类生长造成明显威胁。为解决这一矛盾，可采用分段间隔施肥法。即一块稻田分两部分施肥，中间相隔 2 天左右。这样一部分田施肥时鱼就自然地游到另一部分田中回避，待到另一部分田块施肥时，鱼又向施过肥的部分转移。

3. 稻田施用农药与养鱼的矛盾及解决方法

稻田养鱼，鱼摄食了部分害虫，减少了虫害，但不能完全消灭虫害，因此稻田施药杀灭病害是稻作所不可缺少的。但绝大多数农药对鱼是有毒甚至是剧毒的。因此必须解决好这一矛盾。解决的方法是：

（1）防治。我国稻田病虫害的天敌种类较多，如稻田蜘蛛是水稻二化螟、稻纵卷叶螟、稻飞虱、稻叶蝉等害虫的最大天敌。要充分发挥捕食性天敌的作用，控制和减轻虫害。此外，可采取生物制剂防治。如采用苏云金杆菌乳剂防治水稻纹枯病，苏云金杆菌新菌株制剂对水稻螟虫具有良好的防治效果，同时具有杀虫力强、杀虫谱广、生产性能好等优点。

（2）选用高效、低毒、低残留、广谱性的农药。养鱼稻田禁止选用对鱼类有剧毒的农药。应选用对病虫害高效、对鱼类低毒及低残留的农药。通常多选用水剂或油剂农药，少选用粉剂农药。稻田中饲养草食性鱼类后一般不需要用除草剂。

（3）掌握农药安全使用量和对鱼类的安全浓度。根据各类农药对稻田中主要养殖鱼类的毒性，选用合适的农药。

农药对鱼类的毒性通常以室内试验鱼类农药 48 小时致死 50%的浓度即为半致死浓度来衡量。半致死浓度为 1 毫克/千克的属高毒农药，为1～10 毫克/千克的为中毒农药，为 10 毫克/千克以上的则是低毒农药。目前，生产上使用的甲氰菊酯、来福灵和菊马乳油对人畜毒性并不高，但对鱼类的毒性却很高，其半致死浓度为 10 毫克/千克。养鱼稻田施用杀螟松、杀虫双、扑虱灵、稻丰散、甲基对硫磷等杀虫剂及三环唑、叶枯灵、多菌灵、稻瘟灵等杀菌剂对鱼类较安全，灭幼脲在极低浓度下会导致甲壳动物畸形而造成死亡，不宜在稻田养殖中使用。

（4）做好回避措施。施放农药前，先疏通鱼沟、鱼凼，然后加深田水水位或使田水呈微流水状态，施农药时以便于鱼类回避并降低和稀释药液浓度。

（5）合适的施用方法。施用粉剂宜在早晨有露水时喷洒；水剂、油剂宜在晴天 16:00 左右洒。喷洒时，喷嘴或喷头向上，采用弥雾状、细喷雾，以增加药物在稻株上的黏着力，避免粉、液直接喷入水中。这样既能提高防治病虫害的效果，又可减少药物对鱼类的危害。下雨前不要喷药，以免雨水将稻株上的药物冲入田水中导致鱼中毒。施药后，如发现鱼类中毒，必须立即加注新水，甚至边灌边排，以稀释水中药物浓度，避免鱼类中毒。

Chapter 3

第三章 农田稻鳖生态种养技术

一、农田稻鳖生态种养内涵

农田稻鳖生态种养实现稻鳖共作，充分利用有限的农田资源，将稻和鳖有机结合，通过物质能量的循环利用，培育农田循环经济，不施化肥、不打农药，提高农田复种指数和单位面积经济效益，达到水稻、水产品同步增产，农民收入持续增加的目的。在种稻农田里养鳖，鳖为水稻除害虫、除草、疏松土壤、加强气体交换、提供有机肥料等。养鳖的农田为鳖的生长提供了良好场所。水稻的秸秆作为农田中虾、蚌、蝌蚪、螺、蚬、水蚯蚓、泥鳅、小鱼等底栖动物的饵料，而这些底栖动物是鳖的天然饵料，通过底栖动物、水生昆虫、灯光诱虫和腐殖质、有机碎屑、植物嫩芽等养鳖。“稻养鳖、鳖养稻”，稻鳖互利共生，化害为利，有效充分利用秸秆，防止焚烧秸秆造成的环境污染。稻鳖共生，增加水稻的产量，同时每亩产生态鳖 60～100 千克。

农田种稻养鳖，可以种植单季稻养鳖、双季稻养鳖，还可以种植再生稻养鳖。

二、鳖

鳖，俗称甲鱼、水鱼、团鱼，是一种卵生两栖爬行动物。它因含有丰富的人体必需氨基酸、脂肪酸及维生素而具有极高的营养价值、保健及药用价值，是一种高档滋补珍品。

鳖外形扁平，呈椭圆形，其外部形态分为头、颈、躯干、尾和四肢五部分。

20 世纪 80 年代以后，随着集约化、规模化控温养鳖技术的普及，鳖的产量得到大幅提升，从此鳖走上了寻常百姓家的餐桌。然而片面追求产量而忽视科学的养殖管理，也忽视生态养殖，引发了养殖水体恶化、疾病频发、营养价值低下及一定程度的药物残留等一系列问题，致使养殖效益低下，甚至常常亏损。对此，人们开始寻求养殖鳖的新模式，其中一种就是农田稻鳖生态种养模式。

鳖作为一种体型较小、杂食性的两栖爬行动物，属一种高档特种动物。适合在种植水稻的农田里养殖。

三、 农田稻鳖生态种养的前景

农田稻鳖生态种养是目前和今后鳖生态养殖的一个方向，是养殖户持续稳定增收的一种养殖方式，因此，要大力开展农田稻鳖生态种养技术推广，掌握市场主动权，在农田里种出优质水稻和养出生态鳖，满足社会的需要。

增强市场的竞争力：对养殖农田开挖沟凼，以及对水、电、路、通信等配套改造，既可增强在农田里养殖鳖的防灾、减灾能力，也能有效地改善鳖生产条件和生态环境，可以防止养殖过程中多种病害的发生，减少养殖用药投入，提高水产品的品质和质量，提升水产品质量安全水平，增强水产品市场竞争力。

拓展鳖养殖生产的产业链：鳖的农田生态种养就是将多种物种进行合理的组合配置，增加养殖产品的多样性，拓宽养殖生产的链条。同一块农田里既可以生产粮食，又可以养殖优质水产品。

增加养殖者的经济收入：通过推广鳖的农田生态种养技术，有利于转移农村剩余劳动力，使劳动力资源得以充分发挥。通过将种植业与养殖业及生产加工业紧密联系起来，有利于农村商品经济的发展，有利于农民收入的增加。种植养殖户反映：农田种稻养鳖每亩年产值超过 5 000 元。

实现效益最大化：鳖的农田生态种养就是把鳖的养殖与粮食、多种经济农作物种植及第二、第三产业有机地结合起来，在传统的养殖基础上充分利用自然资源与现代先进的科学技术养鳖，通过合理的规划，达到生态良性循环与经济良性循环的目的，同时实现经济效益、生态效益和社会效益的完美统一。

体现鳖养殖的生态价值：鳖的农田生态养殖具有多样性、层次性、高效性、持续性和综合性的特点。尤其是综合性，是充分利用不同物种间的互补性，利用这些动植物间的相互合作关系，充分发挥“整体、协调、循环、再生”的优势，在有限的养殖生产空间内取得最大的经济效益和生态效益。

四、 鳖的习性

1. 栖息环境

鳖具有水陆两栖性，不但可以生活在水中，还可以生活在陆地上，鳖用肺呼吸。在自然界中，鳖喜欢栖息在水质良好、溶氧丰富、底质为泥沙的湖泊、江河、稻田、池塘、水库、山涧溪流、沼泽地等淡水水域。

鳖的生活习性有“四喜四怕”。一是喜阳怕风，在晴暖无风天气，尤其在中午太阳光线强时，它常爬到岸边沙滩或露出水面的岩石上晒背；二是喜洁怕脏，鳖喜欢栖息在清洁的活水中，水质不洁容易引发各种疾病；三是喜温怕异，喜欢相对适宜的恒温条件，避免异常的温度条件；四是喜静怕惊，稍有动静便迅速潜入水中，多在傍晚出来活动、寻找食物，黎明前再返回，刮风下雨天很少外出活动。

养殖鳖最适宜的环境就是半水半岸的地带，稻田正好满足了这种特性。稻田的田面水位较浅，沟凼的水位较深，这种条件能保证鳖有个舒适的栖息环境，有利于鳖健康成长，稻田利于养殖鳖。

2. 鳖对盐度的敏感性

鳖对盐度十分敏感。鳖只能在淡水中生活。试验表明，鳖在盐度为1.5的水体中24小时内就会死亡；在盐度为0.5的水体中仅能活4个月。因此，盐度较高且没有淡化能力的盐碱地、沿海的农田不适宜养殖鳖。

3. 鳖对温度变化的适应性

鳖是变温动物，新陈代谢所产生的热量有限，而且又缺乏将产生的热保留在体内的控制机制，因此鳖的生长与温度关系密切。其对环境温度的变化反应非常灵敏，生存及活动完全受环境温度的制约，温度是影响鳖生长的主要因素之一。由于鳖本身没有调节体温的功能，一般体温与环境温度的差异为0.5～1℃。鳖的适宜生长温度为26～32℃，在此温度范围内摄食最旺盛、生长速度最快，适宜繁殖温度为26～28℃。温度高于35℃或低于20℃时，其生长受抑制。为克服这一缺陷，在自然状态下，鳖是靠寻找凉或热的地方控制体温的波动，而在农田养殖时，应避免鳖的环境温度过高、过低或大幅波动，因为环境温度的变化直接决定了鳖的摄食、活动、生长、产卵等行为。

在长江中下游地区，鳖一般从11月中下旬温度低于15℃时基本停食。当温度达到10℃时，鳖就会停止活动，此时，鳖常常静卧水底淤泥中或有覆盖物的松土中冬眠，到第二年4月上旬水温回升到15℃以上时开始复苏。

鳖的冬眠是对恶劣环境的一种适应性，是为求生存而形成的一种保护性功能。因此，通过人工控温可以改变这种习性，这使缩短养殖周期、快速养鳖成为可能。当然温度高于35℃时，鳖的活动和进食也会受到影响，当温度持续升高到40℃以上时，它就会停止进食、减少活动，同时潜入水底或阴凉处进入避暑状态。

4. 撕咬争斗

鳖常常会因争抢食物、配偶及栖息场所而伸长头颈相互攻击、撕咬。在食物缺少时，会发生大鳖吃小鳖、健壮鳖吃瘦弱鳖的现象。

5. 鳖的呼吸

鳖在水中呼吸频率随温度的升降而增减，一般呼吸1次需要3～5分钟，如果遇环境突变或特殊情况，呼吸频率会大大下降。鳖在水中潜伏时间可达6～16小时。长时间潜伏时，鳖主要利用咽喉部的鳃状组织与水体进行气体交换。

6. 晒背

鳖为什么要晒背？常常可见，鳖在天气晴朗、阳光强烈时便爬到安静的滩地、岩石上晒背，即使在炎热的夏季也会爬到发烫岩石上晒背，直到背腹甲的水分晒干、体温提高为止。鳖在晒背时头、颈、四肢充分伸展，尾部对着阳光，每次持续45分钟左右。晒背有助于提高体温，加强体内血液循环，加快消化吸收，并能起到杀菌洁肤的作用，使体表寄生虫无法生存，还可促使革质皮肤增厚和变硬。

7. 鳖的生活水环境

喜欢在“肥活嫩爽”的水环境中生活，对于养殖环境溶氧要保持在3毫克/升以上，否则就会影响鳖的生存与生长。水体pH要保持在7～8.5的微碱性，农田沟凼内水体透明度为30厘米以上。另外鳖对刺激性气味比较敏感，这是因为它的感觉器官嗅囊特别发达，所以当养殖环境中的刺激性气味较浓时，就会对鳖的中枢神经造成麻痹，甚至使鳖窒息死亡。

在养殖中，由于投喂的饲料不能及时被吃完而导致水体中可能会产生一些氨、甲烷、硫化氢等有毒气体，这些对于鳖来说是极其致命的。

8. 逃跑能力强

鳖能在陆地上生存，所以鳖的逃跑能力强。特别是在夜间，鳖喜欢顺流爬行，如果是雨天，就会随着河水径流迁移，严重时农田里的鳖会全部逃走，因此在养殖过程中必须做好防逃设施和雨天检查。

9. 食性广

鳖是一种典型的杂食性动物，食谱很广，人、畜类及鱼类能食用的原料都可以做成鳖的配合饲料或直接投喂。动物性饲料主要是昆虫、小鱼、虾、螺、蚌、蚬、蛤、蚯蚓、动物内脏、瘦肉等；植物性饲料主要为植物茎叶、浮萍、瓜果类、蔬菜、杂草、种子、谷物类等。在不同的生长阶段，鳖对食物的喜好有一定的差别：稚鳖喜欢食小鱼、小虾、水生昆虫、蚯蚓、水蚤等；幼鳖与商品鳖喜欢食虾、蚬、蚌、泥鳅、蜗牛、鱼、螺、动物尸体等，也食腐败的植物及幼嫩的水草、瓜果、蔬菜、谷类等植物性饲料。鳖的耐饥饿能力强，数月不食也不会饿死。另外，鳖对腥味、血味等气味特别敏感，因此在配制饲料时，应使饲料有一定的腥味，这对吸引鳖前来摄食是大有好处的，但是如果饲料里存在大蒜或气味很浓的中草药，就会直接影响鳖的摄食。

10. 繁殖习性

鳖是卵生性的，其卵产在潮湿温暖陆地卵穴里，卵穴呈锅状，上大下小。鳖产卵时间是每年的5—10月，产卵时，若受到惊动也不爬动，直到产完卵为止。每次产卵少则3枚，多达10余枚，产卵的数量随着雌鳖年龄的增加而增加。鳖没有护卵的习性，产完卵后，用沙土覆盖住卵就离开了，不再关心自己所产的卵。在自然界中，鳖卵的孵化完全依赖自然界的光、热、雨水及沙土的温度。鳖卵的孵化期与气温有着密切的关系，若天气暖热，孵化期短；若天气凉爽，则孵化期相对长一些。鳖卵孵化温度为22～36℃，适宜温度30～32℃，低于22℃时胚胎发育停止，高于38℃会致死。鳖卵在孵化过程中对温度变化极为敏感，温度每变动1℃都会显著影响胚胎发育速度，一般在22～26℃条件下，胚胎发育时间为60～70天，在33～34℃条件下为37～43天，30℃恒温下需40～50天。

五、 农田选择及田间工程

1. 农田选择与作厢施肥

根据水稻的种植要求和养殖鳖的生活习性，农田选择要求水源充沛、水质良好、排灌方便；远离污染源，保水性好，以黏性土质为宜；田块平整，周围无乔木林；通水通电通路。矿质土壤、盐碱地、沙土地、土质瘠薄、面积过小的农田不适宜养殖鳖。

插秧前15～20天，在每亩农田的厢上和沟凼中均匀施加腐熟的牛粪、猪粪或绿肥等500千克左右，然后利用机械或者人工将稻田改造成宽2米的厢，厢间开宽30厘米、深30厘米的沟，到插秧前2～3天再整理一次。作厢时，田内灌水不能过深，也不能把水全部放光。厢向依照水流方向和风向确定，溪流两岸田和低洼田厢向应顺水流方向，以利排洪和灌溉；挡风口田厢向垂直于风向，以防倒伏。

2. 农田改造及设施建设

（1）开挖田沟

作厢结束后，沿着农田田埂内侧四周开挖供鳖活动、觅食及避暑防寒的环形沟，根据农田大小，鳖沟形状还可开挖成留有机械出入口的环沟，鳖沟的面积不超过农田总面积的10%（沟宽2米左右、深1米左右）（图3-1），在农田的适合位置开挖1～2个长5米左右、宽4米左右、深1米左右的鳖沟。修建进出稻田板的机械通道（宽3米左右），方便机械化生产。利用挖沟的泥土加宽加高夯实田埂，确保田埂的保水和防逃能力。一般改造后的田埂高度高出稻田板平面0.5米以上，湖区低洼田的田埂应高出稻田0.8米以上，埂面宽1.5米，坡度比为1∶（1.5～2）。

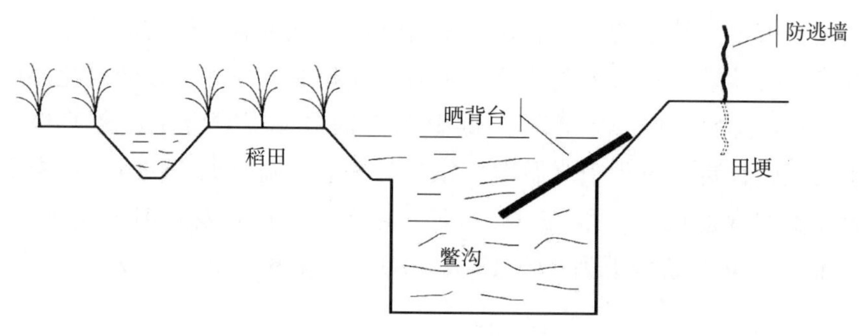

图3-1　鳖沟剖面图

（2）建造防逃设施

为防止鳖外逃和敌害进入稻田，利用石棉瓦建造防逃隔离带墙，具体操作为：将石棉瓦埋入田埂泥土中 20 厘米，露出地面 50 厘米以上，然后用木桩在每隔 1 米处固定。为防止鳖沿夹角爬出外逃，农田四角转弯处的防逃隔离带要做成弧形，如图 3-1 所示。

（3）改造进、排水系统

进、排水系统应建在田外，不能在农田中串联。综合考虑环沟的特点，将进水口和排水口进行对角设置。进水口建在田埂上，排水口建在沟渠最低处，进、排水口的大小应根据田的大小和下暴雨时进水量的大小而定。一般进水口宽为 30～50 厘米，排水口宽为 50～80 厘米。为防止鳖外逃，进、排水口用铁条网封住。也可以用 PVC 管，口径根据需要确定，进水管设置阀门，出口管设置成连通器，可以控制水位。

（4）晒背台、饵料台以及产卵台建设

鳖有晒背的习性，故在鱼沟凼中每隔 10 米左右设置一个晒背台，饵料台和晒背台合二为一（材质为糙面石棉瓦）。台宽 0.6～0.8 米、长 2 米，晒背台一端在埂上，另一端没入水中 15 厘米左右。田埂上用土建一个长 5 米、宽 1 米的产卵台，台坡度比为 1∶2，上方遮阳避雨，台中间铺放 30 厘米厚的沙子。

六、 苗种放养

1. 放养前的准备

（1）鳖沟消毒

在鳖苗种放养前 10～15 天，为杀灭鳖沟和鳖凼内敌害生物和致病菌，预防疾病发生，每亩鳖沟和鳖凼用生石灰 100 千克兑水进行泼洒消毒。

（2）沟凼内培植水草及其上建造遮阳棚

夏季气温高，农田水体温度高，虽有沟凼，对鳖的正常生活仍有一定影响，因此，一般夏季应在晒背台处搭设若干个遮阳棚，并且可以利用养殖农田的沟凼作为避暑冬眠场所，将田板与沟凼间开口连通。沟凼消毒 7 天后，向沟内移栽水葫芦、水浮莲等水生植物，栽植面积占沟凼面积的 20％～30％，可为鳖提供暂时遮阳躲避的场所。

2. 鳖种放养

鳖苗种的投放在 5 月下旬或 6 月上旬的晴天进行，这时秧苗已经返青，根系发育完好，即便鳖在泥中穿行也不会伤害稻株。如果以育种繁殖为主，一般每亩稻田可放养亲鳖 60 只（雌：雄＝4：1）；如果放养商品鳖，每亩稻田可放养统一规格为 250 克左右的中华鳖 100 只左右。要求选择体格健壮、健康无伤病、活动力强的苗种入田，并且在放养前苗种用 2％～3％食盐水浸泡 10 分钟。

雌雄鉴别方法：雌鳖尾短而软，裙边较宽，尾端不能自然伸出裙边外，而雄鳖则相反；雌性背甲为较圆的椭圆形，中部较平，而雄性则为较长的椭圆形，中部隆起。

七、水稻栽培

1. 稻秧、油菜移栽

插秧时间在 5 月中旬，秧苗移栽在厢面上（图 3-2），栽植密度为 30 厘米×15 厘米。水稻品种选择抗病害、抗倒伏、耐肥性强的中稻。稻鳖共生稻抽穗见图 3-3。

水稻收割结束后，进行二次施肥，每亩稻田均匀施加腐熟的牛粪、猪粪等 500 千克。10 月中旬，选择综合抗性较强的油菜品种进行苗种移栽。

图 3-2　稻鳖共生秧苗移栽

2. 科学晒田与追肥

在水稻生长中期，需要进行晒田。采取轻烤的办法：将水位降至田面露出水面，使田块中间不陷脚，田边表土不裂缝而发白，以见水稻浮根泛白为适度。烤田结束之后，立即将水位提高到原水位。需要注意的是，烤

图 3-3 稻鳖共生稻抽穗

田前要清理鳖沟和鳖凼，并调换新水，以保证鳖沟和鳖凼通畅，水质清新。

鳖的粪便及残饵虽有一定的肥田作用，但为保证田间养料充分，种养期间需进行适量追肥。方法为每 15 天施肥一次，每次每亩施 10 千克腐熟的农家粪肥于环形沟凼中，保持田水呈黄绿色。

3. 农作物病害防治

坚持“预防为主，防治结合”的原则进行病害防治。农田中的病害一般由昆虫引起，而鳖以稻田间昆虫、飞蛾等为食，故田间虫害较少，一般可不施农药；如果病害特别严重，可以喷洒高效低毒生物制剂进行防治。为防止鳖农药中毒，可先将其诱至环形沟凼中暂养，施药 2～3 天后方可结束暂养。

八、 饲养管理

1. 饵料投喂

鳖为偏肉食性的杂食性动物，人工投喂的饵料为收购的野杂鱼、切碎的鱼肉或者河蚌肉等。投喂方法严格遵守四定原则（定点、定时、定量、定质），每天投喂 2 次，投喂时间分别在 9:00—10:00、16:00—17:00。具体投喂量视当天的天气、水温、活饵（田间杂鱼、螺蛳等）等情况而定，一般以 1.5 小时左右吃完为宜，当水温低于 18℃停止投喂饵料。为了提高鳖的品质和节省饲料成本，可在稻田内预先投放一些田螺、鱼、虾类供鳖食用。

2. 水位控制与水质调控

5月中旬，为了方便耕作和插秧，插秧时将水位适当提高至25厘米左右，即水位恰好没过田厢面；投放苗种后，根据不同生长期水稻对水位的不同要求和鳖的生长需求，适当逐步地增减水位。每隔10天用生石灰水泼洒鳖沟凼一次，并定期加注新水，保证15～20天换水一次，以保持水中的溶氧充足。

3. 越冬管理

水温在12℃以下，进行越冬前和越冬期管理。在鳖进入冬眠期前，进行鳖沟凼消毒处理，每亩鳖沟凼用生石灰100千克兑水进行消毒，然后将鳖集中在沟凼中冬眠。越冬期间，沟凼水位保持在1米以上，在沟凼底铺设20厘米厚的泥沙，用草帘铺设在沟凼上方，方便鳖钻入泥沙中越冬；定期进行水体消毒和加注新水，保证每次加注新水量不高于10%，水温温差不超3℃，以防鳖发病。

若有新生稚鳖，当气温降至15℃左右时，就应该将稚鳖移入室内越冬池越冬，以便提高稚鳖的存活率。越冬期间注意保温防冻。

九、 鳖病害防治

1. 红脖子病

此病的主要特征是腹部出现红色斑点，咽喉和颈部肿胀，肌肉水肿。严重时，口、鼻出血，肠道发炎糜烂，全身红肿，眼睛混浊发白而失明，不久死亡。

防治方法：①保持水质清洁。②将大蒜拌入饵料中投喂，用法用量：100千克鳖的饵料，拌大蒜0.2～0.5千克，投喂3～7天。

2. 红底板病

此病主要症状是腹甲充血、食欲差、反应迟钝、不爱下水。病情严重时即使受到惊吓也不下水。

防治方法：①在捕捞、运输过程中尽量减少机械损伤。②发病时投喂“三黄”合剂：大黄50%、黄柏30%、黄芩20%共计250克拌入50千克饲料中投喂鳖，投喂10天左右。

3. 腮腺炎

患病鳖颈部异常肿大，全身浮肿，眼呈混浊状而失明，行动迟缓，解剖后可见腹腔充水。

防治方法：①用 0.8～1 克/米^3 三氯异氰尿酸化水后全池泼洒。②内服聚维酮碘，按饲料的 0.3%添加。③目前用大黄、板蓝根、大青叶等拌入饵料中内服有一定的治疗作用。

4. 出血病

主要症状：病鳖腹部出现血斑点，用手轻轻挤压背甲，口鼻出血。剖检病鳖，见严重的肠道出血，肠黏膜脱落，肝肾出血。

防治方法：①病鳖稻田要换新水，用三氯异氰尿酸、二氯异氰尿酸钠 0.3 毫克/升全池泼洒 3～5 天。②改变投喂方式，将饲料放在高出水面的饲料台上，最大限度地减少水质污染。③全田泼洒大黄和黄连合剂（5∶2），泼洒 6～10 天。④投喂药物饲料，每 100 千克鳖饲料使用聚维酮碘 2～5 克（有效碘 0.2～0.5 克），喂 10～15 天。或穿心莲干粉 0.5～1 千克拌入饲料中喂鳖 5～7 天。

5. 腐皮病

此病主要是由鳖相互搏斗咬伤或机械损伤后细菌感染所致。肉眼可以看到四肢、颈部、尾部、裙边等处的皮肤腐败、糜烂坏死，形成溃疡。严重时，四肢的皮肤烂掉、爪脱落、骨骼外露，颈部的肌肉和骨骼也外露，裙边溃烂。

防治方法：①保持田水清洁。②饲养密度合理，投喂质佳、量足的饵料。③将病鳖从田中捞起后放在装有浓度为 30 毫克/升的高锰酸钾溶液的盆里浸泡 1～2 小时，然后将药液稀释到 3 毫克/升的浓度继续浸洗，次日重复上述做法，根据病情轻重程度，一般处理 3～5 次就可以移到隔离池治疗。④病鳖根据大小进行隔离饲养，每隔 5～6 天用 3～4 毫克/升漂白粉化水后泼洒一次，反复 3～4 次，约一个月后放回原田。⑤将田水放到 25～30 厘米，然后按每立方米水 40 克土霉素的用量化水后泼洒，保持 2～3 天药液浓度。或在饲料中加入土霉素等投喂，投喂方法是每千克体重第一天用药 0.2 克，第二天至第六天减半，连续 2～3 个疗程。⑥病重的鳖注射庆大霉素或卡那霉素，按每千克体重注射 20 万国际单位，连续

2天，第二天减半。⑦链霉素液浸洗病鳖48小时，然后放隔离池暂养，浸洗3～5次，直到痊愈后再放回田间。发病较严重的鳖可采用链霉素进行腹腔注射，剂量为每千克体重注射20万国际单位，注射部位在背甲和后腿交界之处。

6. 穿孔病

此病发病初期，背、腹甲、裙边出现疮疤，周围充血，进一步发展则溃烂、穿孔流血，严重时，穿孔处可见内脏。

防治方法：①生石灰化水后全池泼洒。②以添加量为1.5%的氟苯尼考粉拌饵料投喂。③隔离病鳖，鳖体消毒。

7. 白斑病

鳖的四肢、裙边等处出现白斑，使表皮坏死，产生部分溃疡。

防治方法：①用生石灰彻底清沟凼、消毒，经常使田沟凼水保持嫩绿色。②10毫克/升漂白粉浸泡病鳖，或用食盐加碳酸氢钠合剂全池泼洒防治。

8. 累枝虫病

肉眼可见四肢、背、腹甲、颈部等处呈现一簇簇的白毛。当田水呈绿色时，由于虫体的细胞质和柄染成绿色，可见病鳖身体也呈绿色。

防治方法：用漂白粉溶液浸洗，或用食盐水浸洗。

9. 中草药防治疾病

【扫二维码视频2】
稻鳖生态种养模式鳖内服中草药防治多种疾病

十、 鳖捕捞及注意事项

1. 捕捞

养殖的商品鳖的收捕方法有多种。其中一种是干田法，9月中旬以后，将田水排干，将商品鳖捕捞上市。另一种是笼捕法，在田水温度较高时，在笼内置入诱饵捕鳖，这是一种较有效的捕鳖方法。还有一种方法是拉网捕鳖法。

2. 注意事项

经常检查修复防逃设施并及时堵漏，严防敌害进入田间伤害稻田养殖的鳖。同时，为杜绝焚烧秸秆导致的安全问题和环境污染，推广秸秆还田栽培技术。在油菜栽种后，将稻草顺油菜行铺盖还田，铺盖的稻草不仅有增温、抑制杂草的作用，而且稻草腐烂后可以为土壤增肥。油菜收获后，将油菜梢、油菜籽壳还田，并放水整田。

十一、 典型案例

湖南省长沙市浏阳市达浒镇孔蒲中家庭农场于 2009 年开始在农田中种稻养鳖，到 2015 年农田稻鳖生态种养面积 300 余亩（图 3-4），稻田产优质稻米和生态鳖，产品供不应求、畅销全国。亩利润 5 000 元以上。

图 3-4 孔蒲中家庭农场农田稻鳖生态种养基地

Chapter 4

第四章 农田稻蛙生态种养技术

一、蛙的个体发育及生长周期

蛙是典型的两栖动物，既保留了在水中的生长习性，又要经过自身的变态来适应陆地生活。蛙的生长周期：成蛙产出卵，孵化出蝌蚪后，经变态发育成幼蛙，这时幼蛙已具有成蛙的基本特征，然后幼蛙再成长为成蛙，成蛙的性腺发育成熟后开始产卵，蛙的生长周期就这样周而复始地进行着。

成蛙营水陆两栖生活，性成熟的亲蛙经相互追逐后就在水中进行抱对，然后雌蛙产出卵子，而雄蛙也同时产出精子并让卵子受精而成为受精卵。受精卵经过胚胎发育后经过一定的时间就孵化出蝌蚪。蝌蚪是蛙类的幼体，它与成蛙有着明显的差异，它完全在水中生活，用鳃呼吸，有一条长长的尾巴，完全靠游泳进行活动。随着时间的推移，蝌蚪在适当的条件下会慢慢进行变态发育，先是长出两条前腿，再慢慢地长出两条后腿，这时的尾巴也渐渐地缩小，直至完全消失。与之相应的是它的内部也发生着变化，使其更能适应两栖生活。蝌蚪经变态发育后就成为幼蛙，幼蛙可以用肺呼吸和皮肤呼吸，并且开始渐渐地登上陆地生活，直到它的大部分时间都在陆地上生活。幼蛙经过一段时间的生长后会慢慢长大成为成蛙，成蛙又会进一步发育成为亲蛙，又可进行抱对、产卵，进入下一个生长周期。

二、稻田选定

选定适合的稻田，选择水源充足，进排水方便，水质良好、无污染，环境僻静，交通等条件较好的稻田。

三、稻田改造

田埂四周加高加固，田埂高度40厘米左右，埂上栽插竹桩固定围栏，围栏高度1.2米，应向稻田内倾斜，以防蛙逃逸，田中开挖“一”字形或“口”字形沟，沟宽1.5米、深40厘米或开到硬质的稻田底部，凼最好挖在进、出水口的交叉处，一般长2米、宽1米、深0.8米，沟边应有一定的坡度，以防倒塌，进、出水口应筑在稻田相对的田埂两角。水稻要选高产、耐肥、抗病、抗倒伏的推广品种，水稻栽插按当地水稻栽培技术规范进行。

防逃设施：在稻田四周用石棉瓦或其他适合的材料建好防逃设施。

防天敌设施：有必要时，在稻田上部建好天网，防鸟和鼠等天敌进入。

稻蛙生态种养稻田改造见图 4-1、图 4-2。

图 4-1　稻蛙生态种养稻田改造中

图 4-2　稻蛙生态种养稻田改造后

四、 选择优良的蛙品种

选择优良的蛙品种非常重要。一是能有效地提高单位面积产量。二是能有效地改善蛙的品质，品质好的蛙产肉率高、生长快速、味道口感好、市场好，可大大提高经济效益。三是抗病能力强。优良品种对常发的病和不良环境都具有较强的抵抗力和耐性。四是具有较强的适应性。优良品种能适应稻田环境，还能够适应池塘、河沟、网箱、湖泊、庭院、沼泽地等水域，也能进行套养和混养（图 4-3）。这可提高蛙类的产量，拓展蛙类的

图 4-3　稻蛙生态种养模式——稻蛙共生

养殖方式，提高经济效益和社会效益，增加养殖户收益，促进蛙类养殖业发展。

五、蛙的引种

1. 种蛙

种蛙即人们通常所说的亲蛙，即蛙在引进后能直接产卵，或者经过简单的强化培育后，种蛙就可以抱对、交配、产卵。引种时主要以引进种蛙的方式是比较好的。这是因为种蛙的个体比较大、健壮无伤有活力，而且种蛙的繁殖率高，只要管理得当，就可以提高受精卵的孵化率，一只种蛙可能孵化出 2 万只左右的幼蛙。因此引进种蛙是目前引种最常用的方式，当然种蛙的价格也是最高的。

2. 受精卵

受精卵可以引进来进行养殖，但是这种引种的方式现在已经不多见了。主要原因有两个方面：一是不便于运输；二是经过运输后的受精卵孵化率很低，而且死卵和畸形卵的比例较高。从理论上说将受精卵引进来是可以的，但在生产实践上该种方式较少使用。如果一定要引进受精卵，要注意查看，要求卵的外表是很光滑的，每只种蛙产的卵都是通过黏液相互粘连在一起的，形成一个整体，如果发现受精卵破损严重或分离严重，则不能引种。

3. 蝌蚪

蝌蚪是蛙类苗种引进的另一个主要方式。由于蝌蚪体小纤弱，喜欢游泳，爱集群及顶风逆流，食饵范围较狭窄，取食能力低，对环境改变的适应能力弱，抵御敌害的能力差，这一时期是蛙类整个生长阶段的最危险时期，这一时期往往会出现大量死亡的现象，因此在引种时一定要谨慎。为了有效地提高蝌蚪引进后的成活率，建议先将刚孵出的蝌蚪培养 20 天左右再引种，经过培育的蝌蚪已经具有一定的生活、活动及防御敌害的能力，引种后的成活率会大大提高。

特别注意的是，处于变态期的蝌蚪是不能运输的。因此，当大部分蝌蚪处于变态期，则不能引种。

4. 幼蛙

幼蛙是由蝌蚪经过变态过程发育而成的。由于幼蛙的个体较大、成活率较高，幼蛙引种后的倍增系数也是最大的，因此，有较多的养殖户在第一年购买幼蛙进行养殖，这种做法是对的。如果技术得当，幼蛙个体也较大，而且幼蛙的生长温度可以得到保证，可以达到当年上市的效果。如果养殖户全部引进幼蛙，那么养殖成本会很高，这种投资必须在养殖前考虑到。

六、 幼蛙在稻田沟里的饲养管理

1. 幼蛙的放养

幼蛙因个体小喜欢集群生活，所以放养密度宜高。在稻田里放养时，每平方米（按稻田沟的面积计算）可放养变态后 30 日龄以内的幼蛙 200 只左右，放养变态后 30 日龄以上的幼蛙 150 只左右。

幼蛙放养时注意以下几点：一是用 3%～4%的食盐水浸浴 15 分钟左右，或用 5～7 毫克/升的硫酸铜、硫酸亚铁合剂（5：2）浸浴 5～10 分钟；二是稻田的温度与分养前的池内的温度差不超过 3℃；三是幼蛙的质量要求规格整齐、体质健壮、体表无伤痕、无疾病、无畸形、富有光泽，用手捉它时挣扎有力，放在地上后跳动有力；四是放养幼蛙时的动作要轻，不要碰伤幼蛙；五是在放养时，要将容器轻轻地斜放入稻田的田面上，让幼蛙自行跳入田间沟中。

2. 幼蛙的饲料及人工饵的驯食

幼蛙饲料有直接饲料和间接饲料。直接饲料就是直接投喂给幼蛙的各种活体饲料（活饵），主要有摇蚊幼虫、黄粉虫、蝇蛆、蚯蚓、水蚯蚓、蜗牛、飞蛾、小鱼、小虾等；间接饲料就是各种死饲料（死饵），主要有蚕蛹、猪肺、猪肝、鸡鸭内脏、碎肉、死鱼块等，它们通常被做成颗粒饲料供幼蛙摄食。人工配合的颗粒饲料也是间接饲料的一种。

幼蛙自变态后，在自然界中就是以各种活饵料为食，不吃死饵。小规格养殖经济蛙类时，只要条件适合，基本上是能满足幼蛙的活饵需求的，可以省下一大笔饵料费用。但是进行大规格稻田养殖时，自己培育或捕捉的活虫等天然饲料无法解决所有蛙的饲料问题，这时就需人工解决这个问题。解决的最有效方法就是让蛙吃人工配合饲料等死饵，但是幼蛙是不会主动吃这些死饵的，这就需要训练。只要驯食成功，幼蛙的饲料密度就可以增加，单位体积的养殖效益也能大大增加；更重要的是，从刚变态的幼蛙起就开始驯食，以后成蛙的养殖、亲蛙的养殖就都很方便。因此，在蛙类的养殖过程中，从幼蛙起就要开始驯食，这是一个非常关键的技术措施。

幼蛙的驯食首先需要一个固定的场所，这个场所就是蛙的饵料台，可以利用当地的资源自己制作。至于幼蛙的驯食技巧，主要有拌虫、投活鱼、抛投食物、滴水和震动等多种驯食方式。

3. 幼蛙的投喂

一是必须进行科学的驯食，让幼蛙养成吃死饵的好习惯。二是驯食时的活饵要鲜活，不能腐烂；饲料的配方要科学，各种营养要丰富，也不能有霉变现象。三是幼蛙的食欲十分旺盛，应采取少量多次的投喂原则，让它们吃好吃饱。四是投饲时要坚持“四定”投饲技术。五是当将幼蛙转移到一个新的稻田环境中时，它们由于对稻田环境不适应，躲在秧苗处或蛙巢内，很少出来活动，有时也不取食。一旦遇到这种情况，就要立即采取果断措施促进幼蛙的捕食，可从两个方面入手：一是增加活饵的投喂量，刺激幼蛙的捕食欲望，待其正常摄食后，再进行专门的驯食；二是将不吃食的幼蛙捉住，用木片或竹片强行撬开它们的口，将蚯蚓、黄粉虫等填塞进口中，促进开食。

4. 幼蛙的管理

（1）防止高温。蛙是变温动物，对温度的调节能力非常弱，而且幼蛙的体质比成蛙更弱，因此幼蛙特别惧怕日晒和高温干燥。适宜幼蛙生长的温度为23～28℃，当幼蛙在温度长期高于30℃时暴露半小时或短时间处于35℃的高温干燥的空气中暴晒半小时，就会出现严重的不适反应，如食欲减退，会导致生长停止，甚至被热死。

幼蛙在高温环境下被热死的原因有两点：一是高热反应，导致幼蛙体内的新陈代谢严重失衡，造成死亡；二是高温的环境，幼蛙会因严重脱水而死亡。因此，在夏季的一个主要管理工作就是防止高温，采取适当措施来降低温度，使沟内水体温度控制在30℃以下，保证蛙的正常生活和生长。

采取措施控温：一是及时更换部分田水，可以每 4 天左右更换 1 次田水，更换量为 1/3 左右，需要注意的是新水与原来的水的温度差不能超过 3℃。二是创造条件，使稻田里的水保持缓慢流动的状态。三是在田沟靠近田埂的一侧的面积宜大一点，要比饵料台大 3 倍左右、高 1 米以上，防止幼蛙借助遮阳棚攀爬逃跑。这种方式既能有效地降低田间沟的水温，又能通风通气，效果较好。四是种植经济农作物，在田间沟靠近田埂的一侧种植一些经济作物，这些经济作物最好具有较强的攀缘性能，如葡萄、丝瓜、豇豆、南瓜、扁豆等长藤茎植物或玉米、向日葵等高秆植物。五是对稻田而言，如果秧苗很壮很大，在喂饵时将部分饵料投在秧苗里，让蛙钻到秧苗里捕食，能达到使其躲避高温的目的。

（2）保持养殖环境的清洁。要做好以下几个方面的工作：一是及时清除残饵；二是及时消毒饵料台；三是保持田间沟里的水质清洁。

（3）及时分养、防害除害和检查防逃设施。分养就是按蛙体大小适时分级、分田饲养。在人工高密度饲养下，幼蛙的生长情况往往不一。由于蛙的密度大，幼蛙饲养一定时间后，因为饵料投喂不匀及个体间体质强弱的差异，会出现个体大小不一的现象，有时这种差异很悬殊。一般地，同期孵出、同期变态的幼蛙经 2 个月饲养，大的个体体重可达 100 克左右，小的个体体重不足 25 克。因为一些蛙有“大吃小”的恶习，所以要及时按大小进行分田饲养，以提高蛙的成活率和养殖效益。

防害除害：鼠、蛇、鸟、鼬鼠和一些野杂鱼等都是蛙类的天敌，对幼蛙的危害是非常严重的，需经常观察有无蛇、鼠等出没，一经发现要及时防除。

蛙善于爬跳，所以须经常检查防逃设施，有破损的要及时修补。

七、成蛙在稻田里的饲养管理

1. 培育成蛙生长的环境

一是为成蛙提供干旱不干涸、洪水不泛滥的稻田，以潮湿、温暖背阳的地方较好，如果田间沟里有少量的挺水植物则更好。二是养殖成蛙的田间沟的水深要适宜，浅水区和深水区都要有。一般来说，浅水区就是稻田里栽秧的田板，它们是蛙的栖息、隐蔽及遮阳的场所，平时保持水深 10 厘米左右。深水区就是田间沟，养殖成蛙的田间沟要稍微深一点，比养殖幼蛙的田间沟深 20 厘米左右为宜。深水区是蛙游泳和接纳排泄污物的区域，也是设置饵料台供蛙摄食的地方。平时深水区水位 50～70 厘米，在冬季和盛夏时水位要保持在 1～1.2 米。三是做好遮阳降温工作。四是做好防逃工作。

2. 优质饵料、科学投饵与补充活饵

成蛙的个体大、摄食量多，在保证供应充足的优质甜口饵料，控制适宜的环境温度下，其体重增长是比较快的。

饵料的质量和投饵方法不仅是保证养殖产量的重要措施，同时也是增强蛙疾病抵抗力的重要措施。养殖水体由于放养密度大，必须投喂人工饵料才能保证养殖群体可以将丰富和全面的营养物质转化成能量和机体内的有机分子。因此科学地根据蛙的发育阶段，选用多种饵原料，合理调配、精细加工，保证各阶段的蛙都能吃到适口和营养全面的饵料。这不仅是维护其生长、生活的能量源泉，同时也是提高蛙体质和增强抗病能力的需要。生产实践和科学试验证明，不良的饵料不仅无法提供蛙成长和维持健康所必需的营养成分，而且还会导致蛙免疫力和抗病力下降，直接或间接地使蛙易于感染疾病，甚至死亡。

随着温度的升高，蛙的食量增大，投饵量也应逐渐增加。投饵时更应注意“四定”技术，以避免发生弱肉强食的现象。此时的投饵量一般应达到蛙总体重的 20%左右。

采取一些措施补充活饵料：一是灯光诱虫。用 30 瓦的紫外灯或 40 瓦的黑光灯效果较好。天黑即开灯，可看到蛙群集于灯下跳跃着吞食昆虫的热闹情景。二是补充小鱼虾。平时向田间沟里定期投入一些鲜活的小鱼虾，让蛙自行捕食，以补充饵料不足。还可采用木竹制成的槽状饵料盘，其底钉上尼龙纱布，盘中水与田水相接，固定在田间沟的阴凉处，放入活的小鱼虾。三是补充昆虫。人工捕捉蝗虫、蝼蛄等昆虫放入稻田的田面上，让蛙自由摄食。

3. 管理工作

一是控制温度。适宜的水温为 23～30℃，要做好遮阳、防高温、防

烈日照射。二是控制水质。坚持换水，成蛙摄食量大，排泄的废物也多，要经常换水保持水质不被污染。三是及时分养。成蛙的养殖密度一般为每平方米50只左右（以田间沟的面积计算），密度大小随成蛙体型大小及养殖管理水平、水温、水质等因素而酌情调整。四是做好敌害的防范工作。蛇、鼠、猫等都是蛙的天敌，这些天敌夏季活动猖獗，必须建立巡视制度并采取清除措施。五是做好疾病预防工作。成蛙的养殖基本上都是在高温季节进行的，而夏季也正是疾病的多发季节。每天要清洗饵料台，及时清除腐败变质的饵料，每半个月用漂白粉对田间沟消毒1次，使沟里水的药物浓度达1毫克/升。一旦发现蛙患病，应及早采取治疗措施，以防疾病蔓延。

八、科学施肥用药及疾病预防

养蛙稻田施肥原则是：施足有机基肥、合理施用追肥。基肥一般每亩施发酵粪肥200～300千克；追肥常用化肥种类有尿素、磷酸钙、氯化钙等，不能施用有强烈刺激作用的氨水和碳酸氢铵，追肥应采用深施或根外施，避免高温天气，追肥量依据田水肥度而定，肥田少施，瘦田多施。

稻田用药应按植保部门规定使用高效低毒农药，施药时间一般在9:00以前或16:00以后，喷粉雾法施药，农药一定要喷洒在稻叶上，下雨天或雷阵雨前避免施药，施药后加强巡田，一旦发现异常应立即注新水。

【扫二维码视频3】
稻蛙生态种养模式
蛙疾病预防办法

蛙疾病预防见视频3。

九、适时调节水位

田水调控要根据天气变化、水稻的发育阶段而定，并兼顾养殖蛙的需要。从秧苗栽插到水稻分蘖前，稻田保持3厘米左右的浅水位，而后逐渐加深水位，保持水深10～15厘米，在晒田时，稻沟要保持10～15厘米的水位，晒田后要及时灌水恢复到原来的水位，高温季节勤换水，每2～3天换水20厘米左右。

十、 收获

养殖过程中，对大规格的蛙进行先捕上市。收稻谷后田中饵料生物减少，且水温下降，养殖蛙活动减弱，即可收捕上市。

十一、 典型案例

长沙县安沙镇李新虎的稻蛙生态种养从 2015 年开始。在自家门口选了一片稻田，改造后，稻田里种稻养蛙，共 12 亩稻田，做成 24 个小块，其中 22 个稻蛙种养小块，每块 0.5 亩，小块中间挖沟，宽 2 米，深 0.5 米，沟与投食台之间为水稻种植区，即依次为蛙沟、水稻种植区、蛙摄食台、投喂人员工作走廊。两侧的 2 个 0.5 亩小块挖成池塘，养殖白鹅，白鹅可以防止天敌进入。

【扫二维码视频 4】农田稻蛙生态种养示范基地

年平均亩产成蛙 2 500 千克，有的田块亩产达到了 3 000 千克。每年自己培育种蛙，种蛙选取最优的成蛙。孵育蛙苗，自繁自养，还能外销一定量蛙苗。蛙的市场价格按每千克 20 元，每亩稻田年养殖成蛙收入 5 万元。

Chapter 5

第五章 农田稻鳅生态种养技术

一、农田养殖泥鳅田块的选择

泥鳅的产量高低与农田适合养鳅的基本条件是分不开的，农田养殖泥鳅必须根据泥鳅对生态条件的要求选好养殖田块。选择土质柔软、腐殖质丰富、水源充足、排灌方便、水质清新无污染、水体 pH 呈中性或偏弱酸性的黏性土田块。农田养泥鳅面积可大可小，有条件的地方可以集中连片。一般以稻田面积 2～10 亩为一单元，以便于管理。

二、田间工程建设及前期准备

稻田泥鳅养殖应具备一些基本设施和进行一些必要的前期准备工作，主要包括如下几方面：

（一）基本设施

1. 整修田埂，加设防逃设施

要求田埂高出水面 30 厘米。稻田养泥鳅在稻田四周用水泥或塑料板、厚薄膜等（入泥 30 厘米深）建设起 80 厘米高的防逃墙，田的四周及中央挖一“田”字形水沟，沟宽、深均为 50 厘米。

2. 进、排水口设置防逃栅

进、排水管和溢水管各 1 处，管口均用细密铁丝网拦截，排水管平时用水泥封住。出水口防逃栅设计成凸向稻田，防泥鳅逃出，同时可防敌害进入。

3. 建造平水缺（溢洪口）

可防止水过多、雨暴烈时泥鳅漫埂逃走。在排水口一侧上开设 1～2 个深 5～10 厘米、宽 1～2 米的平水缺。平水缺口上要安装防逃栅。

4. 集鳅道

为在水量不足、水温过高、稻田施肥施药时泥鳅有躲藏之处，以及捕捞时便于集中收捕，可在养鳅稻田中设环沟或按对角线挖深 30 厘米、长 80～100 厘米的集鳅道。在养泥鳅的稻田中央或排水口附近，挖 1～5 个深 40 厘米的集鳅道。集鳅道占全池面积的 2%～5%。

5. 养殖水域清整消毒

养殖泥鳅的水域预先应用生石灰、漂白粉等进行清整消毒。一般预先晒到田底有裂缝后再在田周挖小坑，将块状生石灰放入，浇水化灰并趁热全池泼洒。第二天用耙将石灰与泥拌和。用量一般为每100平方米水体用生石灰10～15千克。

（二）前期准备

1. 野生鳅种的消毒及驯养

（1）野生鳅种的消毒。放养前预先用2%～3%食盐水浸浴鳅种5～10分钟或用10毫克/千克漂白粉溶液浸浴10～20分钟。根据水温和鳅种耐受情况确定浸浴时间。

（2）野生鳅种的驯养。野外捕捉来的鳅种规格不整齐，可预先用泥鳅筛按规格分选，做到同一池放养规格基本一致。另外，野生泥鳅长期栖息在水田、河湖、沼泽及溪坑等水域中，白天极少到水面活动，夜间才到岸边分散摄食，为了让其适应人工饲养，使它们由分散觅食变为集中到食台摄食，由夜间觅食变为白天定时摄食，由习惯吃天然饵料变为吃人工配合饲料，必须加以驯化。具体的做法是：在下塘的第三天晚上（20:00左右），分几个食台投放少量人工饵料。以后每天逐步推迟2小时投喂，并逐步减少食台数目，经约10天驯养，可使野生泥鳅适应池塘环境，并从夜间分散觅食转变为白天集中到食台摄食配合饵料。如果一个驯化周期效果不佳，可在第一个周期获得的成果基础上，重复上述措施，直至达到目的。

2. 泥鳅饵料的准备

在人工养殖条件下，为达到预期产量，就应准备充足的饵料，进行规模化养殖时则更为重要。泥鳅食性广泛，饵料来源广，鱼粉、鱼浆、猪血（粉）、动物内脏、野杂鱼、虾蟹肉、螺蚌肉、蚯蚓、蚕蛹粉、黄粉虫和谷物、米糠、豆渣、豆饼、菜饼、麦麸、酒糟、酱糟、豆腐渣、蔬菜叶等均是泥鳅的适口饵料。

泥鳅食欲与水温关系密切。当水温为16～20℃时应以投喂植物性饵料为主，比例占60%～70%；水温为21～23℃时，动、植物性饵料各占50%；水温为24℃以上时应适当增加动物性饵料，植物性饵料减至

30%～40%。

一般动物性饵料不宜单独投喂，否则容易使泥鳅贪食不消化，肠道呼吸不正常，“胀气”而死亡。最好是动、植物饵料搭配投喂。可根据各地饵料源，调制泥鳅的配合饵料。以下两种配方可作参考：

①鱼粉15%，豆粕20%，菜籽饼20%，麸皮25%，米糠17%，添加剂3%。

②鱼粉或肉粉5%～10%，血粉20%，菜籽饼粕30%～40%，豆饼粕15%～20%，麦麸20%～30%，次粉5%～10%，磷酸氢钙1%～2%，食盐0.3%，并加入适量鱼用无机盐及维生素添加剂。

可预先沤制一定量的有机肥，1亩农田田角边堆放250千克，放养后定期根据水色不断追肥。最后肥渣也可装袋堆置田角起肥水作用，以不断产生水生活饵。

三、苗种放养与管理

稻田养殖泥鳅是生态养殖的一种方式。稻田的浅水环境非常适合泥鳅生存。盛夏季节水稻可作为泥鳅良好的遮阳物，稻田中丰富的天然饵料可供泥鳅摄食。另外泥鳅钻泥栖息，疏通田泥，既有利于肥料分解，又促进水稻根系发育，鳅粪本身又是水稻良好的肥源，泥鳅捕食田间害虫，可减轻或免除水稻的一些病虫害。据测定，养殖泥鳅的稻田中有机质、有效磷、硅酸盐、钙和镁的含量均高于未养泥鳅田块。有学者对稻田中捕捉的33尾泥鳅进行解剖鉴定，其肠道内容物中有蚊子幼虫的泥鳅有6尾；解剖污水沟中的泥鳅14尾，肠内充满蚊子幼虫的泥鳅有11尾，有蚊子成虫的有11尾。可见泥鳅还是消灭害虫的有力卫士。

1. 安装杀虫灯

为防治水稻病虫害，按每10亩安装一台杀虫灯，诱杀水稻病虫害，为泥鳅提供优质的天然饵料，避免和减少农药的使用。

2. 鳅种放养

鳅种最好是来源于泥鳅原种场或从天然水域捕捞的，要求体质健壮、无病无伤，年龄在2龄左右，雌性体重15～25克，雄性体重12克以上。2月下旬在稻田灌水前，每亩用生石灰75～100千克均匀泼洒，进行清整消毒，亩施发酵过的猪粪 1 000 千克，进水经过滤入田，沟内水深 30～40 厘米，培肥水体，水的透明度为 25 厘米左右。秧苗返青后，亩放 3～5 克/尾规格的鳅苗 2 万～2.5 万尾，放养前用 3%的食盐溶液浸泡 10 分钟，消毒后入田。

3. 饲养管理

养殖过程中，为了保证浮游生物的供应不间断，必须及时少量均匀地追施有机肥。每隔 10～15 天施肥 1 次，每次每亩用肥 150 千克。另外根据水色的具体情况，每次每亩施 1.5 千克左右的尿素或 2.5 千克碳酸氢铵，以保持水体呈黄绿色。

由于田中泥鳅的密度较高，应投喂人工饲料，如豆饼、蚕蛹粉、蝇蛆、蚯蚓、螺蚌、屠宰场下脚料、米糠、豆渣、菜籽饼、麸皮等，以补充天然饵料的不足。7—8 月是泥鳅生长的旺季，要求蚕蛹粉 15%、肉骨粉 10%、豆饼 25%的配比，日投饵 2 次，投饵率为 10%。9—10 月以植物性饲料如麸皮、米糠等为主，一般每天上下午各投喂 1 次，投喂量为泥鳅总重量的 2%～4%。早春和秋末以植物性饲料如麸皮、米糠等为主，上午 11:00 左右投 1 次，投喂量为泥鳅总重量的 2%左右。具体根据泥鳅取食情况灵活掌握，一般每次投饵后，以 1～2 小时基本吃完为宜。

水位控制极为重要。田面以上实际水位一般控制在 5 厘米以上。适时加入新水，一般每半个月加水 1 次，高温季节应适当加深水位。

由于泥鳅适宜于水田养殖，在养殖过程中一般没有疾病发生。为防止赤皮病发生，每月用治疗赤皮病药饵 10～20 克，配 50 千克饲料投喂 2～3 天，每月每亩用生石灰 10～15 千克化浆后全池泼洒。水稻施农药时间一般在插秧前 3～5 天或插秧后 5～7 天，对秧苗施药预防一次。日巡田 2 次，检查防逃设施，特别是雨天注意仔细检查漏洞。防止天敌入侵（如蛇、鸭等），观察泥鳅的活动和摄食情况。严禁含有甲胺磷、毒杀酚、呋喃丹、五氯酚钠等剧毒农药的水流入。

四、水稻栽培

1. 品种选择

水稻品种要选择株型紧凑、抗病虫害、抗倒伏且耐肥性强、产量高、米质优、生育期适中的中稻品种。

2. 稻田耕整

若为投苗寄养，耕整时尽量将泥鳅集中在环形沟、田间沟和鱼凼中，稻田四周的围埂将环形沟、田间沟和鱼凼隔开，小耕小整，尽量减少对泥鳅的影响。

3. 秧苗移栽

秧苗在6月中下旬移栽，每亩保证4万～6万基本苗。田开挖环形沟、田间沟和鱼凼而减少的秧苗，要密植到沟凼边或大田中，使田块的基本苗数不减少。

4. 施肥与用药

施肥的原则应以基肥为主、追肥为辅，以农家肥为主、化肥为辅，且少量多次。每亩每季施基肥300～400千克，视水质情况施追肥，追肥亩施尿素7千克或混合肥5千克。化肥不能使用氨水和碳酸氢铵，否则会造成泥鳅中毒。稻田出现病虫害时，宜选用对症的高效低毒的农药。下雨前不要施农药，在喷洒农药前适当加深田水，以稀释落入水中农药的浓度，施药时喷嘴要斜向稻叶或朝上，尽量将药喷在稻叶上，以利于提高防治病虫效力，同时又可减轻落入水中药物对泥鳅造成的危害。

5. 水分管理

要做到科学管水。水稻返青后25～30天（图5-1），每亩总茎蘖数达到18万～20万时开始晒田。晒田前，要清理沟凼，防止淤塞，沟内水位低于田面10～15厘米，晒好田后及时恢复原水位。水位控制一般原则：水位调节以水稻为主，兼顾泥鳅的生长要求。在放养初期，田水可浅，水位保持在田面以上15厘米左右即可。随着泥鳅的长大，需求活动空间加大及水稻抽穗、扬花、灌浆需要大量水，水位可以控制在20～30厘米，抽穗后期适当降低水位，干干湿湿，养根保叶，活熟到老，收获前一周断水（图5-2）。在高温季节，要加深水位，防止泥鳅缺氧浮头。

图 5-1　稻鳅共生秧返青时

图 5-2　稻鳅共生水稻成熟时

五、 泥鳅的越冬管理

泥鳅对水温的变化相当敏感，除我国南方终年水温不低于 15℃地区可常年饲养泥鳅，不必考虑低温越冬措施以外，其他地区一年中泥鳅的饲养期为 7～10 个月，有 2～5 个月的低温越冬期。在我国大部分地区，冬季泥鳅一般会钻入泥土中 15 厘米深处越冬。其体表可分泌黏液，使体表及周围保持湿润，即使 1 个月无降水也不会死亡。

泥鳅在越冬前和许多需要越冬的水生动物一样必须积累营养和能量准备越冬。因此，应加强越冬前饲料管理，多投喂一些营养丰富的饵料，让泥鳅吃饱吃好，以利越冬。泥鳅越冬育肥的饵料配比应为动物性饵料和植物性饵料各占 50%。随着水温的下降，泥鳅的摄食量要开始下降，这时投饵量应逐渐减少。当水温降至 15℃时，每天只需投喂泥鳅总体重 1%的饵料；当水温降至 13℃以下时，则可停止投饵；当水温继续下降至 5℃时，泥鳅就潜入淤泥深处越冬。

泥鳅越冬除了要有足够的营养、能量及良好的体质外，还要有良好的越冬环境。

1. 选好越冬场所

要选择背风向阳、保水性能好、池底淤泥厚的池塘做越冬池。为便于越冬，越冬池蓄水要比一般池塘深，要保证越冬池有充足良好的水源条件。越冬前要对越冬池、食台等进行清整消毒处理，防止有毒有害物质危害泥鳅越冬。

2. 适当施肥

越冬池消毒清理后，泥鳅入池前，先施用适量有机肥料，可将猪、牛、家禽等的粪便撒铺于池底，增加淤泥厚度，发酵增温，为泥鳅越冬提供较为理想的条件，以利于保温越冬。

3. 选好鳅种

选择规格大、体质健壮、无病无伤的鳅种作为翌年繁殖用的亲本。这样的泥鳅抗寒、抗病能力较强，有利于越冬成活率的提高。越冬泥鳅的放养密度一般可比常规饲养高 2～3 倍。

4. 保温防寒措施

加强越冬期间的进、排水管理。越冬期间的水温应保持在 2～10℃，池水水位应比平时略高，一般水深应控制在 1.5～2 米。加注新水时应尽可能用地下水。在池塘或水田中开挖深度在 30 厘米以上的坑、凼，使底层的温度有一定的保障。若在坑、凼上加盖稻草，保温效果更好。如果是农家庭院用小坑道使泥鳅自然越冬，可将越冬泥鳅适当集中，上面加铺畜、禽粪便，保温效果更好。

此外，还可采用越冬箱进行越冬。其方法是：制作木质越冬箱，规格为（90～100）厘米×（25～35）厘米×（20～25）厘米，箱内装细软泥土 18～20 厘米高，每箱可放养 6～8 千克泥鳅。土和泥鳅要分层装箱。装箱时，要先放 3～4 厘米厚的细土，再放 2 千克左右泥鳅，如此装 3～5 层，最后装满细软泥土，钉好箱盖。箱盖上要事先打 6～8 个小孔，以便通气。箱盖钉牢后，选择背风向阳的越冬池，将越冬箱沉入 1 米以下的池中，以利于泥鳅安全越冬。

六、 病害防治

1. 鳅病发生的主要原因

水产动物病害发生主要是由于生存环境、病原体存在及水产动物本身体质三方面相互协同作用而引起的。水质、底质是其生存的主要环境。环境不适、投饵不足或营养成分不平衡会使水产动物体质下降。投喂过量又会引起水质、底质恶化。恶化的环境又使养殖对象食欲减退、体质下降，病原体也容易繁衍，这样便会引起病害发生。如不及时对症治疗，就会引起病害蔓延，病症严重时，形成暴发性死亡。病害防治的原则是以预防为主、治疗为辅，以免造成经济损失。

2. 常见疾病的防治

养殖泥鳅的水域一般较浅，且多为静水，所以水质容易恶化。在防病方面应注意科学合理投饵、施肥，放养密度要适当，经常加注新水，保持水质“肥、活、爽”。如是外购苗种，要做到预先消毒防病、剔除病弱苗种。稻田养殖时，防止药、肥伤害。常见疾病为水霉病、车轮虫病、小瓜虫病，以防为主，每月向沟、坑内泼洒一次石灰水，用量为每亩 10～15 千克生石灰或漂白粉 1 克/米^3。寄生虫类可用硫酸铜和硫酸亚铁合剂全田泼洒，用量分别为 0.5 克/米^3 和 0.2 克/米^3。现将泥鳅常见的疾病及防治方法分述如下：

（1）水霉病。此病的病因是有水霉菌寄生。病鳅行动迟缓，食欲减退或消失，肉眼可见体表簇生白色棉絮状物，最后衰弱而死。在孵化季节流行，能引起大批受精卵死亡。此病多发生于水温较低时期，鱼体受伤时极易感染。

防治办法主要有：①避免鱼体受伤，捕捉、运输泥鳅时，尽量避免机械损伤（水霉菌往往在受伤部位寄生繁衍）。②鳅种下塘前用 3%～5%的食盐水溶液浸浴 5～10 分钟。③受精卵受感染，用 4%的食盐水浸泡 5～10 分钟，连续 2 天，鱼巢使用前预先用食盐水浸泡。④泥鳅感染时用 0.04%碳酸氢钠和食盐混合液全田泼洒。

同时还有一些方法供参考：①水深 1 米每亩用食盐 0.5～1 千克、尿素 0.5 千克、漂白粉 1 千克（含氯 30%）化水溶解后全田泼洒，连用 2～3 天。②水深 1 米每亩用五倍子 1 千克捣碎用开水浸泡 12 小时后加盐 0.5～1 千克全田泼洒，每天 1 次，连续 3 天。③旱烟叶 10 千克煮水后全田泼洒，连治 3 天。④菖蒲 2.5～5 千克加人尿 5 千克或加尿素 0.5 千克混合后全池泼洒（菖蒲与 0.5～1 千克食盐捣烂成液体）。⑤水深 1 米每亩用盐 1 千克和 3 千克菖蒲汁化开后全田泼洒。⑥二氧化氯，浓度为 20 毫克/升（1 升水加 20 克二氧化氯）全田泼洒。

（2）烂鳍病。此病是由短杆菌引起的。病鳅的鳍、腹部皮肤及肛门周围充血、溃烂，尾鳍、胸鳍发白并溃烂，鱼体两侧自头部至尾部浮肿，并有红斑，肌肉外露，停食，衰弱致死。夏季易流行。

防治办法主要有：①1 克/米^{3}漂白粉全田泼洒。②用 1%～5%土霉素溶液浸浴病鳅 10～15 分钟，每天 1 次，连用 2 天见效，5 天即愈。

（3）打印病。此病由嗜水气单胞菌中嗜水亚种引起，病鳅主要表现为身体上病灶浮肿，椭圆或圆形，红色，患部主要在尾柄两侧，似打上印章，故名为打印病。7—9 月为主要流行季节。

防治方法：可用 1 毫克/升的漂白粉全田泼洒，或用 0.3 毫克/升的溴氯海因全田泼洒。

（4）车轮虫病。病因为车轮虫寄生。车轮虫主要寄生于泥鳅的鳃和体表，感染后病鳅食欲减退，离群独游。严重时虫体密布，轻则影响生长，重则导致死亡。5—8 月流行。

防治此病的方法主要有：①用生石灰彻底清田后再放养鳅种。②发病后每立方米水体用 0.5 克硫酸铜和 0.2 克硫酸亚铁合剂全田泼洒。

（5）三代虫病。病因为三代虫寄生。主要寄生于体表和鳃，病鳅体瘦弱，常浮于水面，不安，或在水面打转，体表黏液增多。5—6 月流行，对鳅种危害极大。

防治此病的方法主要是用浓度为 20 毫克/升的高锰酸钾溶液浸浴病鳅 15～20 分钟，浓度为 10 毫克/升时则浸浴 30～50 分钟。根据水温、体质情况选用以上浓度。或用 0.5 克/米^{3}晶体敌百虫化水后全田泼洒。

（6）气泡病。病因为水中溶氧不足或含气体过多。病鳅表现为吞吸气泡，浮于水面不能下潜，腹部臌气，苗期易发生。

防治方法：平时应注意合理投饵，及时清除池中腐败物，不施用未发酵的肥料，防止水质恶化。发现此病后，应及时采取措施，立即加注新水，并用食盐水泼洒，每亩用量为 4～6 千克，或立即冲入清水或黄泥浆水。

（7）舌杯虫病。病因为舌杯虫侵入鳃或皮肤。舌杯虫附着在泥鳅鳃或皮肤时，平时摄取周围水中食物，对寄主组织没有破坏作用，感染程度不高时危害不大。如果与车轮虫并发或大量寄生，能引起泥鳅死亡。对幼鳅，特别是 1.2～2 厘米的鳅苗，舌杯虫大量寄生时妨碍正常呼吸，严重时使鳅苗死亡。此病一年四季都可出现，以夏、秋季较为普遍。

防治方法：发生此病时，流行季节用硫酸铜和硫酸亚铁合剂挂袋；在泥鳅放养前用8毫克/升的硫酸铜溶液浸浴鳅种15～20分钟；或用0.7毫克/升硫酸铜、硫酸亚铁合剂全田泼洒。

（8）小瓜虫病。发生此病是因为多子小瓜虫寄生。病鳅皮肤、鳃、鳍上布有白点状孢囊。

防治方法：①以生姜辣椒汁混合剂治疗，每亩用辣椒粉250克和干生姜100克混合煮沸半小时，全田泼洒。②每亩用50克生姜＋30克辣椒＋30克胡椒＋50克苦楝皮＋50克厚朴＋30克五倍子，粉碎后再加50克食盐熬制药水进行药浴，连续药浴7天，使用7天后，泥鳅体表白点明显减少，开始抢食，连续观察5天无死亡现象，病情得到控制，7天后再用一疗程防止复发。使用本配方时，由于泥鳅属细鳞鱼，其对生姜、辣椒、胡椒敏感，用药时如掌握不好浓度易造成泥鳅死亡，建议使用时将泥鳅拉网到一边集中药浴，如有反应及时松开拉网，注入新水，缓解应激（此方法适用于稻田垄沟采用地笼网集中养殖的方式）。

（9）白身红环病。此病因泥鳅捕捉后长期蓄养所致。症状为病鳅身体呈灰白色，出现红色环纹。

防治方法：①鳅种放养时用食盐溶液浸洗15～20分钟。②食盐溶液全田泼洒。③将病鳅移入静水池中暂养一段时间。

除常规病害防治之外，敌害生物的清除也很重要。在泥鳅养殖过程中，要注意清除蛇、蛙、乌鳢、水蜈蚣、红娘华等敌害生物。

（10）泥鳅常见病害防治表（表5-1）。

表5-1　泥鳅常见病害防治表

病　名	流行季节及症状	防治方法
水霉病	早春、晚冬流行。病鳅体表簇生白色棉絮状物，活动迟缓，离群独游，食欲减退或消失	1. 用3%～5%食盐水浸浴（5～10分钟） 2. 用0.2～0.4克/米^{3}硫醚沙星化水全池泼洒
烂鳍病	夏季流行。病鳅背鳍附近表皮脱落，呈灰白色，严重时鳍条脱落，周围充血、溃烂、肌肉外露	1. 用1克/米^{3}漂白粉化水全田泼洒 2. 用1%～5%土霉素溶液浸浴病鳅10～15分钟，每天1次，连用2天见效，5天即可治愈

（续）

病　名	流行季节及症状	防治方法
打印病	7—9 月流行。病灶椭圆形或圆形，浮肿并有红斑，像打了印章，患处主要在尾柄基部	1. 可用 1 毫克/升浓度的漂白粉，化水后全田泼洒 2. 用 0.3 毫克/升浓度的溴氯海因，化水后全田泼洒
车轮虫病	5—8 月流行。病鳅身体瘦弱，体表黏液增多，离群独游，用显微镜检查，鳃、体表上有车轮虫	用 0.7 克/米^3 硫酸铜、硫酸亚铁合剂（5∶2）化水全池泼洒
三代虫病	5—6 月流行。对鳅种危害较大，寄生在鱼体体表和鳃	1. 用 20 毫克/升高锰酸钾溶液浸浴 15～20 分钟 2. 用 0.3～0.5 克/米^3 90%晶体敌百虫化水全池泼洒
气泡病	春末夏初流行。病鳅腹部膨胀，浮于水面，肠道内可见小气泡	1. 立即加注新水 2. 用食盐水泼洒，每亩水面用量为 4～6 千克
舌杯虫病	夏、秋季较为流行。主要危害 1.2～2 厘米的鳅苗，大量寄生时妨碍正常呼吸，严重时导致死亡	1. 流行季节用硫酸铜、硫酸亚铁合剂挂袋 2. 用 0.7 毫克/升硫酸铜、硫酸亚铁合剂（5∶2）全池泼洒

七、 捕捞

泥鳅的捕捞一般在秋末冬初进行，但是为了提高经济效益，可根据市场价格、泥鳅密度和生产特点等多方面因素综合考虑，灵活掌握泥鳅捕捞上市的时间。作为繁殖用的亲鳅则应在人工繁殖季节前捕捞。一般泥鳅体重达到 10 克即可上市。从鳅苗养至 10 克左右的成鳅一般需要 1～3 个月，饲养至 20 克左右的成鳅一般需要 4～5 个月。如果饲养条件适宜，饲养时间还可以缩短。

1. 池塘泥鳅的捕捞

池塘因面积大、水深，相比稻田捕捞难度大。但池塘捕捞不受农作物的限制，可根据需要随时捕捞上市，比稻田捕捞方便。池塘泥鳅捕捞主要有以下几种方法：

食饵诱捕法：可用麻袋装入炒香的米糠、蚕蛹粉与腐殖土混合做成的面团，敞开袋口，傍晚时将其沉入池底即可。一般选择在阴天或下雨前的傍晚下袋，这样经过一夜时间，袋内会钻入大量泥鳅。诱捕受水温影响较大，一般水温在25～27℃时泥鳅摄食旺盛，诱捕效果最好；当水温低于15℃或高于30℃时，泥鳅的活动减弱，摄食减少，诱捕效果较差。大口鱼笼内放置诱饵捕捉泥鳅的效果非常好。

冲水捕捞法：在靠近进水口处铺设好网具，网具长度可依据进水口的大小而定，一般为进水口宽度的3～4倍，网目为1.5～2厘米，4个网角结扎提纲，以便起捕。网具张好后向进水口充注新水，给泥鳅以微流水的刺激，泥鳅喜溯水会逐渐聚集在进水口附近，待泥鳅聚拢到一定程度时，即可提网捕捞。同时，可在排水口处张网或设置鱼篓，捕获顺水逃逸的泥鳅。

排水捕捞法：食饵诱捕、冲水捕捞一般适合水温在20℃以上采用。当水温偏低时，泥鳅活动减弱，食欲下降，甚至钻入泥中，这时只能采取排干池水捕捞。这种方法是将池水排干，同时把池底划分成若干小块，中间挖纵、横排水沟若干条。沟宽40厘米、深30厘米左右，让泥鳅集中到排水沟内，这时可用手抄网捕捞。当水温低于10℃或高于30℃时，泥鳅会钻入泥中越冬或避暑，只有采取挖泥捕捞法。因此，排水捕捞法一般在深秋、冬季或水温在10～20℃时采用。

此外，如遇急需，且水温较高时，可采用香饵诱捕的方法，即把预先炒制好的香饵撒在池中捕捞处，待30分钟左右用网捕捞。

2. 稻田泥鳅的捕捞

稻田养殖的泥鳅一般在水稻即将黄熟之时捕捞，也可以在水稻收割之后进行。捕捞方法一般有以下5种：

（1）网捕法。在稻谷收割之前，先将三角网设置在稻田排水口，然后排放田水，泥鳅随水而下时被捕获。此法一次难以捕尽，可重新灌水，反复捕捞。

（2）排水捕捞法。在深秋稻谷收割之后，把田沟、鱼凼疏通，将田水排干，使泥鳅随水流入沟、凼之中，先用抄网抄捕，然后用铁丝制成的网具连淤泥一并捞起，除掉淤泥，留下泥鳅。天气炎热时可在早、晚进行。对于田中泥土内捕剩的部分泥鳅，长江以北地区要设法捕尽，可采用翻耕、用水翻挖或结合犁田进行捕捞。

（3）香饵诱捕法。在稻谷收割前后均可进行。晴天傍晚时将水缓缓注入坑凼中，使泥鳅集中到鱼凼，然后将预先炒制好的香饵放入广口麻袋，沉入鱼坑诱捕。此方法在5—7月以白天下袋较好，若在8月以后则应在傍晚下袋，第二天日出前取出效果较好。放袋前一天停食，可提高捕捞效果。如无麻袋，可把旧草席剪成长60厘米、宽30厘米，将炒香的米糠、蚕蛹粉与泥土混合做成面团放入草席中，中间放些树枝，卷起草席，并将两端扎紧，使草席稍稍隆起。然后放置田中，上部稍露出水面，再铺放些杂草等，泥鳅会到草席内觅食。

（4）笼捕法。是采用须笼或鳝笼捕捞。

（5）药物驱捕法。通常使用的药物为茶粕（亦称茶枯、茶饼，是山茶籽榨油后的残留物，存放时间不超过2年），每亩稻田用量5～6千克。将药物烘烤3～5分钟后取出，趁热捣成粉末，再用清水浸泡（手抓成团，松手散开），3～5小时后方可使用。将稻田的水位降至3厘米左右，然后在田的四角设置鱼巢。鱼巢用淤泥堆集而成，巢堆成斜坡形，由低到高逐渐高出水面3～10厘米。鱼巢大小视泥鳅的多少而定，巢面一般为脚盆大小，面积0.5～1米^2。面积大的稻田中央也应设置鱼巢。

施药宜在傍晚进行。除鱼巢巢面不施药外，稻田各处须均匀地泼洒药液。施药后至捕捞前不能注水、排水，也不宜在田中走动。泥鳅一般会在茶粕的作用下纷纷钻进鱼巢。

施药后第二天清晨，用田泥围一圈栏鱼巢，将鱼巢围圈中的水排干，即可挖巢捕捞泥鳅。达到商品规格的泥鳅可直接上市，未达到商品规格的小泥鳅继续留在田中养殖。若留田养殖需注水5厘米左右，待田中药物消失后，再转入稻田中饲养。

此法简便易行，捕捞速度快，成本低，效率高，且无污染（须控制用药量）。在水温10～25℃时，起捕率可达90%以上，并且可捕大留小，均衡上市。但操作时应注意以下事项：首先是用茶粕配制的药液要随配随用；其次是用量必须严格控制，施药一定要均匀地全田泼洒（鱼巢除外）；此外鱼巢巢面必须高于水面，并且不能再有高出水面的草、泥堆物。此法捕捞泥鳅最好在收割水稻之后，且稻田中无集鱼坑、凼。若稻田中有集鱼坑、凼，则可不在集鱼坑、凼中施药，但要用木板将坑、凼围住，以防泥鳅进入。

八、 泥鳅的暂养与运输

1. 暂养

泥鳅起捕后，无论是销售或食用，都必须经过几天时间的清水暂养，方能运输出售或食用。暂养的作用：一是排出泥鳅体内的污物和肠中的粪便，降低运输途中的耗氧量，提高运输成活率；二是去掉泥鳅肉中的泥味，改善口味，提高食用价值；三是将零星捕捉的泥鳅集中起来，便于批量运输销售。泥鳅暂养的方法有许多种，现在介绍以下几种：

（1）水泥池暂养。水泥池暂养适用于较大规模的出口中转基地或需暂养较长时间的场合。应选择在水源充足、水质清新、排灌方便的场所建池，并配备增氧、进水、排污等设施。水泥池的大小一般为8米×4米×0.8米，蓄水量为20～25米^3。一般每平方米水泥池可暂养泥鳅5～7千克，有流水、有增氧设施，暂养时间较短的，每平方米面积可放40～50千克。若为水槽型水泥池，每平方米可放100千克。

泥鳅进入水泥池暂养前，最好先在木桶中暂养1～2天，待粪便或污泥清除后再移至水泥池中。在水泥池中暂养时，对刚起捕或刚入池的泥鳅，应隔7小时换水1次，待其粪便和污泥排除干净后转入正常管理。夏季暂养每天换水不能少于2次，春、秋季暂养每天换水1次，冬季暂养隔天换水1次。

在泥鳅暂养期间，投喂生大豆和辣椒可提高泥鳅暂养的成活率。每30千克泥鳅每天投喂0.2千克生大豆即可。辣椒有刺激泥鳅兴奋的作用，每30千克泥鳅每天投喂辣椒0.1千克即可。

水泥池暂养适用于暂养时间长、数量多的场合，具有成活率高（95%左右）、规模效益好等优点。但这种方法要求较高，暂养期间不能发生断水、缺氧泛池等现象，必须有严格的责任制度。

（2）网箱暂养。网箱暂养泥鳅被许多地方普遍采用。暂养泥鳅的网箱规格一般为2米×1米×1.5米。网眼大小视暂养泥鳅的规格而定，暂养可用聚乙烯网布。网箱宜选择水面开阔、水质清澈的池塘或河道。暂养的密度视水温高低和网箱大小而定，一般每平方米暂养30千克左右较适宜。网箱暂养泥鳅要加强日常管理，防止逃逸和发生病害，平时要勤检查、勤刷网箱、勤捞残渣和死鳅等，一般暂养成活率可达90%以上。

（3）木桶暂养。各类容积较大的木桶均可用于泥鳅暂养。一般用72升容积的木桶可暂养10千克。暂养开始时每天换水4～5次，第三天以后可每天换水2～3次。每天换水量控制在1/3左右。

（4）鱼篓暂养。鱼篓的规格一般为口径24厘米、底径65厘米，竹制。篓内铺放聚乙烯网布，篓口要加盖（盖上不铺聚乙烯网布等，防止泥鳅呼吸困难），防止泥鳅逃逸。将泥鳅放入竹篓后置于水中，竹篓应有1/3部分露出水面，以利于泥鳅呼吸。若将鱼篓置于静水中，一篓可暂养7～8千克；置于微流水中，一篓可暂养15～20千克。置于流水状态中暂养时，应避免水流过急，否则泥鳅易患细菌性疾病。

（5）布斗暂养。布斗一般规格为口径24厘米、底径65厘米、长24厘米，装有泥鳅的布斗置于水域中时应有约1/3部分露出水面。布斗暂养泥鳅须选择在水质清新的江河、湖泊、水库等水域，一般置于流水水域中，每斗可暂养15～20千克，置于静水水域中，每斗可暂养7～8千克。

2. 长期蓄养

我国大部分地区水产品都有一定的季节差、地区差，所以人们往往将秋季捕获的泥鳅蓄养至泥鳅价格较高的冬季出售。蓄养的方式方法和暂养基本相同。时间较长、规模较大的蓄养一般是采取低温蓄养，水温要保持在5～10℃。水温低于5℃时，泥鳅会被冻死；水温高于10℃时，泥鳅会浮出水面呼吸，此时应采取措施降温、增氧。蓄养于室外的，要注意控温，如在水槽等容器上加盖，防止夜间水温突变。蓄养的泥鳅在蓄养前要促使泥鳅肠内粪便排出，并用食盐溶液浸浴鳅体消毒，以提高蓄养成活率。

3. 运输

泥鳅的皮肤和肠均有呼吸功能，因而泥鳅的运输比较方便。泥鳅的运输按运输距离分为近程运输、中程运输、远程运输，按泥鳅规格分为苗种运输、成鳅运输、亲鳅运输，按运输工具分为鱼篓鱼袋运输、箱运输等，按运输方式分为干法运输、装水运输、降温运输等。泥鳅的苗种运输相对要求较高，一般选用鱼篓和尼龙袋装水运输较好。成鳅对运输要求低些，除远程运输需要尼龙袋装运外，均可因地制宜地选用其他方法。

不论采用哪一种方法运输，泥鳅运输前均需暂养1～3天后才能启动。运输途中要注意泥鳅和水温的变化，及时捞出病伤死鳅，去除黏液，调节水温，防止阳光直射和风雨吹淋引起的水温变化。在运输途中，尤其是到达目的地时，应尽可能使运输泥鳅的水温与准备放养的环境水温相近，两者最大的温差不能超过5℃，否则会造成泥鳅死亡。

（1）干法运输。干法运输就是采用无水湿法运输的方法，俗称“干运”，一般适用于成鳅短程运输。运输时，在泥鳅体表泼些水，或用水草包裹泥鳅，使泥鳅皮肤保持湿润，再置于袋、桶、筐等容器中，就可以进行短距离运输。

筐运法：装泥鳅的筐用竹篾编织而成，长方形，规格为（80～90）厘米×（45～50）厘米×（20～30）厘米。筐内壁铺上麻布，避免鳅体受伤，一筐可装成鳅15～20千克，筐内盖些水草或瓜（荷）叶即可运输。此法适用于水温15℃左右、运输时间为3～5小时的短途运输。

袋运法：即将泥鳅装入麻袋、草包或编织袋内，洒些水，或预先放些水草等在袋内，使泥鳅体表保持湿润，即可运输。此法适用于温度在20℃以下、运输时间在12小时以内的短途运输。

（2）降温运输。运输时间需12小时或更长时间的，尤其在天气炎热和中程运输时，必须采用降温运输方法。

带水降温运输：一般采用鱼桶装水加冰块装运，6千克水可装运泥鳅8千克。运输时将冰块放入网袋内，再将其吊在桶盖上，使冰水慢慢地滴入容器内，以达到降温的目的。此法运输成活率较高，鱼体也不易受伤，一般在12小时内可保证安全。此法在水温15℃左右、运输时间为5～6小时的条件下效果较好。

鱼筐降温运输：鱼筐的材料、形状、规格同上。每筐装成鳅15～20千克。装好的鱼筐套叠4～5个，最上面一筐少装一些，其中盛放用麻布包好的碎冰块10～20千克。将几个鱼筐叠齐捆紧即可装运。注意避免鱼筐之间互相挤压。

箱运法：箱用木板制作。木箱的结构有三层，上层为放冰的冰箱，中层为装鳅的鳅箱，下层为底盘。箱体规格为50厘米×35厘米×8厘米，箱底和四周钉铺20目的聚乙烯网布。如水温在20℃以上时，先在上层的冰箱里装满冰块，让融化后的冰水慢慢地滴入鳅箱。每层鳅箱装泥鳅10～15千克，再将这两层箱子与底盘一同扎紧，即可运输。这种运输方法适合于运输时间在30小时以内的中、短途运输，成活率在90%以上。

（3）鱼篓（桶）装水运输。本法是采用鱼篓、桶装入适量的水和泥鳅，以火车、汽车或轮船等为交通工具的运输方法，此法较适合于泥鳅苗种运输。鱼篓一般用竹篾编制，内壁粘贴薄膜；也有用镀锌皮制作的鱼篓。鱼篓的规格不一，常用的规格为：口径70厘米，底部边长90厘米，高100厘米。有桶盖，盖中心开有一直径为35厘米的圆孔，并配有击水板，其一端由“十”字交叉板组成。交叉板长40厘米，宽10厘米，柄长80厘米。

鱼篓（桶）运输泥鳅苗种要选择好天气，水温以15～25℃为宜。已开食的泥鳅苗起运前最好喂一次咸鸭蛋黄。其方法是将煮熟的咸鸭蛋黄用纱布包好，放入盛水的搪瓷盘内，滤掉渣，将蛋黄汁均匀地泼在装鳅苗的鱼篓（桶）中，每10万尾鳅苗投喂蛋黄1个。喂食后2～3小时，更换新水后即可起运。运输途中要防止泥鳅苗缺氧和残饵、粪便、死鳅等污染水质，要及时换注新水，每次换水量为1/3左右，换水时水温差不能超过3℃。若换水困难，可用击水板在鱼篓（桶）的水面上轻轻地上下推动击水，起增氧效果。为避免苗种集结成团而窒息，可放入几尾规格稍大的泥鳅一起运输。

路途较近的亦可用挑篓运输。挑篓由竹篾制成，篓内壁粘贴薄膜。篓的口径约50厘米，高33厘米。装水量为篓容积的1/3～1/2。装苗种数量依泥鳅的规格而定：1.5厘米以下的可装6万～7万尾，1.5～2厘米的装1万～1.4万尾，2.5厘米左右的装0.6万～0.7万尾，3.5厘米左右的装0.35万～0.4万尾，5厘米左右的装0.25万～0.3万尾，6.5～8厘米的装600～700尾，10厘米左右的装400～500尾。

（4）尼龙袋充氧运输。此法是用各生产单位运输家鱼苗种所用的尼龙袋（双层塑料薄膜袋）装少量水，充氧后运输，这是目前较先进的一种运输方法。尼龙袋可装载于车、船、飞机上进行远程运输。

尼龙袋的规格一般为30厘米×28厘米×65厘米的双层袋，每袋装泥鳅10千克。加少量水，亦可添加些碎冰，充氧后扎紧袋口，再装入32厘米×35 厘米×65 厘米规格的硬纸箱内，每箱装 2 袋。气温高时，在箱内四角处各放一小冰袋降温，然后打包运输。如在 7—9 月运输，装袋前应对泥鳅采取“三级降温法”处理：即首先把泥鳅从水温 20℃以上的暂养容器中放入水温 18～20℃的容器中暂养 20～40 分钟，其次放入 14～15℃的容器中暂养 5～10 分钟，然后放入 8～12℃的容器中暂养 3～5 分钟，最后装袋充氧，在箱四周放置冰袋后运输。

Chapter 6

第六章 农田稻鸭生态种养技术

一、稻鸭共生模式的特点

传统的稻作模式种植作物单一，且生产成本高，即使增加稻田复种指数也难以获得可观的经济效益，因此导致农民生产积极性不高，稻田利用率低，资源得不到有效的利用。在传统的稻作模式中，大量的化肥投入使得土壤持续恶化，同时田间的杂草和害虫必须通过使用大量的除草剂和农药加以防除，既造成了资源的浪费，也严重地影响了生态环境。而实行稻鸭生态种养，鸭子可以采食田间杂草、浮游动植物和害虫，鸭粪可以肥田。据相关研究，1 只鸭子在稻鸭共生的几个月间可以排泄湿重达 10 千克的粪便，1 亩稻田，20 只鸭子的粪便基本上能够满足水稻所需养分，还含有丰富的有机质。同时鸭子在稻田中频繁活动能刺激水稻生长，起到中耕、浑水、增氧、透气的作用，减少了温室气体的排放；水稻又为鸭子遮光避敌，提供栖息活动的场所。稻鸭共生模式使各种资源变废为宝，提高品质和效益，改善和保护生态环境，促进土壤的良性循环，提高了稻田资源利用率和产出率。

【扫二维码视频 5】稻鸭生态种养模式中鸭的作用

二、技术要点

一般在水稻移栽 10 天后可放入 10～20 日龄的雏鸭，早稻由于前期气温较低，可以放养 15 日龄以上的鸭子，晚稻田可早些放养。鸭子数量根据田间野生动植物多少而定，每亩水稻田放养 20 只左右为适宜，一般 100～200 只为一个群体。鸭子可白天在稻田中生长，晚上回鸭舍休息，也可 24 小时在稻田中生长，但须在稻田旁建设简易鸭棚，每天早晚补喂一定的饲料，达到稻鸭双丰收。

【扫二维码视频 6】稻鸭生态种养模式鸭的育雏

1. 稻田选择

选择土壤肥沃、水源充足、水质良好、易于灌溉、方便管理、面积较大或集中连成一片的水稻田。

2. 稻田种养前的处理

第一，对稻田起垄，以图 6-1 来体现。

第二，施足基肥，施用常规栽培 60%左右的肥量即可，一般以长效复合肥和农家有机肥为主，一次性施足纯氮 10～11 千克，五氧化二磷 5～6 千克，氧化钾 10～11 千克。

图 6-1　稻鸭生态种养稻田垄沟结构

第三，对田埂进行加高加固处理，挖好排水沟，便于排灌；在简易鸭舍旁需开挖与鸭舍面积相同的蓄水池供鸭子在旱季时活动。

3. 水稻品种的选择及处理

一般选择抗性强、高产稳产优质、分蘖能力强、株高适中的水稻品种。早稻选用湘早籼 31 号、中优早 12 号、香两优 68 等品种；中稻选用常规稻农香 32 等品种；晚稻选用湘晚籼 9 号、湘晚籼 12 号、培两优 288、金优 207 等品种。同一品种避免多年连作，以防止病害的生理小种危害，提高品种抗性。由于鸭子在田间活动会给水稻苗造成一定的损伤，因此在移栽时可增加每穴苗数 2～4 棵。要适时播种移栽，培育壮秧。早晚稻种子要用三氯异氰尿酸消毒，晚稻种子每千克用 2 克烯效唑拌种，可有效控制秧苗徒长。

4. 围栏和简易鸭舍的设置

为了防止鸭子逃跑和天敌（鼬、蛇、鹰、犬等）对鸭子的侵害，需在稻鸭种养区设置围栏，一般用尼龙网（网眼规格不大于 2 厘米×2 厘米）在田埂上设置 0.8～1 米高的围栏，经济条件允许也可使用专用的脉冲通电栅栏。若鸭子 24 小时在田间活动需设置简易的鸭舍供鸭子休息和便于投放饲料。可在田埂边上设简易棚（图 6-2），面积一般按每 10 只占 1 米^{2}为宜，高度 1.5 米左右。在简易棚的一边制成一个食台。鸭舍顶用稻草、编织袋或石棉瓦等遮盖，鸭舍最好用木条、竹条等搭建，这样能保证鸭舍的干燥和通风。

5. 鸭的品种选择

鸭子品种的选择是稻鸭共作技术的重要组成部分，可根据实际要求选择全能型鸭，要求鸭子具有体型小、杂食性、集群性等特点，如果是自己培育鸭苗要把握时间，一般是谷种浸种时，鸭蛋同时开始孵化，也可在水稻插秧前3～5天购买鸭苗，可选用本地鸭或野雏鸭。我国最适于稻田放养的鸭种有绿头野鸭、绍兴麻鸭、攸县麻鸭、荆江鸭、三穗鸭、建昌鸭、大余鸭和巢湖鸭等。这些鸭属中小体型，成年鸭每只体重1.25～1.5千克，在放养稻苗间穿行，行动灵活，食量较小，成本较低，露宿抗逆性强，适应性较广，公鸭生长快速、肉质鲜嫩，母鸭产蛋率高。

图6-2 稻鸭生态种养模式鸭棚

6. 禽鸭疫苗的接种方法

鸭疫苗接种可以采用两种办法：注射接种和水饮免疫接种。

（1）注射接种。注射接种常用肌内注射及皮下注射法，适用于各种灭活苗及弱毒苗的免疫接种。肌内注射可选胸肌、腿肌，皮下注射可选胸部、颈背侧部。操作中应注意以下五点：

①不在腿部内侧注射。因鸭腿上的主要血管神经都在内侧，在这里注射易造成血管、神经的损伤，出现注射部位出血、瘸腿、瘫痪等现象。

②皮下注射不用粗针头。因粗针头注射深度小、针眼大，疫苗注入后容易流出，且容易流血发炎。因此，皮下注射特别是给雏鸭注射宜选用细针头，注射疫苗时，可选用略粗一点的针头。

③胸部注射不能竖刺。雏鸭注射时，因其肌肉较薄，竖刺容易穿透胸膛，导致药液注入胸腔，引起死亡。所以应顺着胸骨方向，在胸骨旁刺入之后，回抽针芯以抽不动为准（此时针头位于肌肉内），再用力推动针管注入药液。

④刺激性强的疫苗避免腿部注射。疫苗刺激性强、吸收慢，注入腿部肌肉后，鸭腿长期疼痛而行走不便，影响饮食和生长发育。可以选择翅膀

或胸部等肌肉较多的部位进行注射。

⑤注射时，须控制力度。免疫注射时，保定好鸭子且避免用力不适导致鸭子受伤。若力度过大，轻则容易造成针眼扩大、撕裂、出血或药液流出，影响药效，重则造成刺入心肺等重要部位而导致内出血死亡。

（2）水饮免疫接种。水饮免疫是鸭常用的免疫方法之一。为保证饮水免疫达到最理想的效果，须注意以下三点：

①饮水免疫前对水槽、饮水器彻底清洗，不应使用消毒剂或清洁剂冲洗饮水器，以免降低疫苗效价。一般情况下宜用深井水，不用自来水，因自来水常加有漂白粉，含有使疫苗失效的物质氯离子。

②疫苗使用前应停止供水2～3小时，使鸭子尽快地饮完疫苗水。为使每只鸭都能饮到足够量疫苗，饮水时间不应短于1小时，饮水时间延长易导致疫苗失效，以不超过2小时为宜，而水量不足会导致免疫效果不一致，所以稀释疫苗的用水量要适宜。正常情况下，稀释疫苗用水参考量为：1周龄雏鸭每只用水5毫升；2～4周龄为8～10毫升；4～8周龄一般为20毫升；8周龄以上一般为40毫升。

③饮水中可加入0.1%脱脂奶粉，保证疫苗效价稳定。用饮水法免疫的疫苗一般按照说明书用量正确使用，切忌盲目加倍。饮水免疫接种的间隔时间不宜过长，因为饮水免疫不能产生足够的免疫力，不能抵御毒力较强的毒株引起的疫病流行。

7. 鸭的饲养要点

雏鸭饲养：雏鸭出壳20小时即可直接用饮水器饮水（“潮水”）。“开食”在饮水15分钟左右进行。将雏鸭放到塑料布（草席、篾）上，先洒点水，使其略潮湿，然后放出雏鸭，饲养员一边轻撒饲料，一边呼唤调教，引诱雏鸭啄食。这时务必细心观察，要使每只鸭子都能采食饲料，但也不能采食过多，六七成饱就可以。10日以内雏鸭每昼夜喂料6～7次，其中晚上喂2次，饮水置于饮水器内，昼夜不断供应。在舍饲期内，每只雏鸭应投50克左右的雏鸭配合料。为提高雏鸭觅食青草的能力，可自1周龄后在饲料中加青菜。在鸭子孵化后到大田放养前，饲喂颗粒饲料。

鸭子的田间饲养：每天喂食以呼唤、吹哨或敲击声进行驯化，建立条件反射，以利于管理。鸭子放入大田后，每天每只用稻谷、玉米等谷物类饲料 50～100 克饲养，同时可添加饲料草（如绿萍）和其他鸭子喜食的水生动物。产蛋期每天每只用稻谷、玉米等谷物类饲料 100 克饲养。大田饲养期间，饲料用量适中，严禁使用发霉发臭饲料和发臭生蛆的动植物残体饲养鸭子。投放饲料时要逗鸭，可以减少收鸭时的困难。投放饲料一定要注意定时，一般以傍晚鸭子回鸭舍时为宜，其他时间投放饲料，不利于鸭子主动积极地到田间取食，特别注意不宜在早晨投放饲料。

8. 水稻田间水浆管理

掌握返青期灌深水、分蘖期灌浅水、孕穗期浅水勤灌、抽穗期保持足水、乳熟期薄水轻搁、黄熟期灌水即让整个田面过一次水的灌水要点。鸭放养采取浅水管理，促进早活苗返青。鸭在稻田觅食活动期间，田间保持水层以利鸭活动。考虑鸭子要戏水、觅食及抑制杂草等，放鸭期间要求田间保持水深 8 厘米左右，栽后 5～7 天适当调整水层，以利于放鸭，以鸭脚没入水中为宜；鸭舍旁须开挖 50～60 厘米深的蓄水池，供鸭子在旱季活动。根据湖南农业大学的研究，稻田养鸭要做到鸭在水稻全生育期都下田，必须做好配套工程，即三个工程：

一是要有支撑全时段稻鸭耦合的多沟和设施及控制技术。在稻田中建造永久性或季节性小型沟壑设施促进鸭在田间捕食，每隔 5～8 米开一条沟并保持沟中有水，无论在水稻生长中期或后期鸭群都能正常下田运动。鸭捕食有“一口料一口水”的特点，水稻生长中后期稻田经常阶段性断水，鸭群下田不能正常捕食，停留在田埂，出现稻鸭耦合时序断档。在促进水稻正常生长前提下，开挖稻田生态沟，保持沟中有水，使鸭群正常捕食，全田运动，解决了水稻生长中后期鸭不下田的难题。

二是要有支撑全空间稻鸭耦合的稻加鸭种养方式及控制技术。水稻中后期群体数量与质量增大、鸭个体也相应增大形成的双向顶压效应是导致鸭群在水稻生长中后期惰于下田的主要原因。采用 5 月中旬放青年鸭，6 月下旬放青年鸡、雏鸭，分三批分别管控好水稻生长前期的低群体数量与质量、水稻生长后期的高群体数量与质量，解决水稻生长中后期群体太大与鸭群体个体太大导致的顶压，保证鸭群正常下田。青年鸭与成年鸭在稻田中运动需克服陷泥、稻株顶压两大阻力，但鸭个体增重与水稻群体增大在水稻生长中后期刚性发展，鸭群不能正常进入田间，停留在田埂，出现稻鸭耦合空间矛盾。针对稻鸭耦合矛盾，研究人员发明一季水稻一批鸡、两批鸭的种养方式，并适时投放与回收，辅以青年鸡防控水稻冠层虫害，解决了水稻生长中后期鸭群在稻田中运动的难题。

三是利用大型鸭群大范围捕食、排泄鸭粪产生有机肥与生物源杀菌剂为作物施肥、防除病虫的生态技术。研究人员发现，从鸭粪中提取的铜绿假单胞菌株原液对水稻纹枯病菌、水稻细菌性条斑病菌有抑制作用，与井冈霉素复配后施用于水稻植株效果更佳。其原理是铜绿假单胞菌可产生吩嗪-1-羧酸、藤黄绿脓菌素、2，4-二乙酰基藤黄酚等多种活性物质，对水稻纹枯病、水稻细菌性条斑病的病原菌有抑制作用，由于鸭粪能同时对真菌性病原、细菌性病原产生作用，与大多数单一的化学农药比较，其抑菌谱更宽，可同时作用于多种靶标。研究人员发明的稻加鸡鸭种养分三批投放技术保障了全生育期通过搅泥、排粪不断释放土壤养分、增施鸭粪，解决了水稻生长中后期稻田土壤养分释放不够、病害控制源减少的问题。

9. 水稻病虫害防治

鸭子的捕食和不断穿行改善了田间通风、透气、透光条件，绝大部分病虫杂草都可控制在防治指标以下。稻鸭共作田前期的病虫草害基本不需要用药控制。但稻纵卷叶螟、稻蝽、稻瘟病等暴发时，可用生物农药进行防治。后期三化螟卵块产于植株叶片中上部，稻纵卷叶螟主要危害叶片中上部，而此时植株已较高，鸭子作用削弱，可采用频振杀虫灯诱杀，一般每 50 亩安装一盏频振杀虫灯，或用生物农药防治。

10. 鸭病防治

鸭舍应经常进行卫生消毒工作，消灭病原微生物，切断疾病传播途径，控制疫病蔓延。疫病、中毒、中暑是严重影响鸭成活率的三大主要因素，其中任何一项未能得到及时控制，都会引起鸭子的大批死亡，甚至全部死亡。因此对鸭疫病、中毒、中暑的预防、控制和治疗是关系稻鸭共作成败的关键技术。在幼鸭孵化出壳的当天接种鸭病毒性肝炎疫苗，而后按要求接种鸭瘟疫苗和进行禽流感疫苗防疫。

（1）鸭病毒性肝炎。无母源抗体的 1 日龄雏鸭（种鸭无免疫肝炎），用鸭病毒性肝炎疫苗 20 倍稀释，每只 0.5 毫升肌内注射。有母源抗体的

7～10 日龄雏鸭皮下注射 1 毫升。

（2）鸭瘟。鸭瘟弱毒苗 10 日龄首免，40 倍稀释，每只 0.2 毫升肌内注射，60 日龄二免，每只 0.5 毫升肌内注射。

（3）禽流感。用禽流感 H5＋H9 二价或 H5 单价灭活苗，10～15 日龄每只皮下或肌内注射 0.3 毫升；60 日龄进行禽流感二免，每只肌内注射 0.5～0.6 毫升。

（4）预防细菌性疾病。雏鸭舍饲期内饲料中加入预防药品，连续用药 3～4 天停药 2 天，间断用药。雏鸭前 3 天的饮水中加入 50 毫克/千克的恩诺沙星或庆大霉素。

（5）防中毒、中暑技术。首先要勤检查，一查四周田埂是否漏水溢水，增高加固田埂，堵塞缺口漏洞；二查田间腐尸，及时清除鱼、雀、鸭等动物尸体。其次要及时隔离，将中毒区内的鸭子放养于清洁的环境中，防止其继续接触有毒物质。防止鸭中暑的关键是保持田间合适水层。实践证明，只要田内始终保持 10 厘米左右的水层，鸭子中暑的可能性就很小。

（6）生态型消毒剂。这是一种新型的效果明显的养殖业用的消毒剂，该消毒剂既能达到防治真菌、细菌性病害的目的，又可提高养殖动物（畜禽、鱼类等）的抗病能力，防止疾病的传播；保证养殖动物正常生活不需转场，可直接在所养殖的场所（如池塘、农田、禽舍）及运输机械和器具上消毒使用；杀灭养殖动物环境中和与之接触的物体上的病菌，效率高。一种养殖业用中草药消毒剂，主要成分为中草药提取液，中草药提取液占消毒剂的质量百分含量大于 95%。其中，中草药提取液由以下组分组成：大蒜提取液 25%～35%、鱼腥草提取液 15%～25%、马齿苋提取液 15%～25%、艾叶银杏青蒿提取液 9%～15%、松针提取液 10%～20%，且各种提取液的质量百分含量之和为 100%。各成分提取液的获取：以上各植物新鲜洗净除杂（大蒜瓣、鱼腥草全株、马齿苋植株地上部、艾叶茎叶、银杏叶片、青蒿植株地上部、松针），捣碎或用制浆机打成浆料后，分别放入蒸馏水或 70%～75%酒精中浸提（其中大蒜、鱼腥草用蒸馏水，马齿苋、艾叶、银杏、青蒿、松针用酒精提取有效成分），提取温度 30～50℃，浸提时间 3～5 小时；过滤各浸提液，分别贮藏备用。将提取好的各植物源备用液按比例进行混合，即大蒜∶鱼腥草∶马齿苋∶艾叶银杏青

【扫二维码视频 7】稻鸭生态种养模式秋冬季鸭在稻田养殖现场

蒿：松针为 3：2：2：1.5：1.5。将 5 种提取液混合摇匀，即成消毒液。使用时，将消毒剂原液用 30～50℃的温水按 50 倍稀释（如取 0.4 升混合好的提取液，加入约 20 升的洁净水即可），搅拌均匀后，进行喷施消毒灭菌。不用时，将各提取液在低温下避光储存备用。此法利用了各中草药中活性成分的不同功效，进行合理的配伍，杀菌抗菌、抗病毒效果明显，具有广谱和增效作用，在养殖业生产上使用安全可靠。

稻鸭生态种养稻鸭共生和鸭除草技术见图 6-3、图 6-4。

图 6-3　稻鸭生态种养稻鸭共生

图 6-4　南美洲国家厄瓜多尔团队在长沙基地学习稻田鸭除草技术

三、 典型案例

1. 案例 1

国际农田生态种养发展论坛示范基地（图 6-5）农田稻鸭牧鸭模式，该示范基地位于湖南省长沙市长沙县路口镇隆平稻作公园，该基地农田稻鸭牧鸭模式面积 182 亩，一年农田养殖鸭五批次，一批 500～1 000 只。水稻品种选定较为适合与鸭共生的品种农香 32，鸭品种为绿头野鸭。示范基地农田稻鸭牧鸭模式养鸭周期 3 个月。农田稻鸭生态种养养殖出的成品鸭市价每只 80 元。该基地种养不施化肥、不用农药。

图 6-5　国际农田生态种养发展论坛示范基地简介

2. 案例 2

湖南省辰溪县清水塘农业综合开发有限公司农田稻鱼鸭生态种养模式，面积 300 余亩，农田沟以宽 2 米、深 1.2 米的直沟为主，开沟面积占稻田面积的 5%左右，地形为向阳丘陵，引山泉水自流灌溉。水稻品种为玉针香，手插秧，行株距 24 厘米×18 厘米，秧龄 21 天，基肥每亩施有机肥 40 千克和菜饼 150 千克，不追肥，水稻移栽后 15 天，水稻用一次生物农药苦参碱，10 月 5 日收稻。春季在河流水草丰茂处收集本地鲤鱼卵，在苗池中养殖至 6 厘米后可放入田间，插秧前每亩投放 300 尾左右鱼苗，稻鱼共生期约为 90 天，可产鱼 30 千克。鸭子品种为本地麻鸭，水稻返青后，每亩放 12 只 3 周龄雏鸭，水稻齐穗期收鸭，每亩消耗饲料 30 千克。稻+鱼+鸭全程不施农药，采用人工种收，进行绿色生产。常规一季稻种植每亩纯收益约为 650 元。

【扫二维码视频 8】
国际农田生态种养
发展论坛示范基地
农田稻鸭模式

农田稻鱼鸭生态种养模式不施农药、不施化肥，采用生物防治，生产绿色无公害水稻，出售生态大米，重施有机基肥，肥料成本为 350 元/亩，利用野生鱼苗，节省了鱼苗成本，精耕细作，水稻手工种收，人工投入高达 800 元/亩，总生产成本为 2 072 元/亩。每亩产生态大米 250 千克，售价 10 元/千克，稻米产值为 2 500 元/亩，每亩可产鱼 30 千克，产值为 1 500元/亩，每亩可产鸭 24 千克，产值为 576 元/亩，总产值为 4 576 元/亩，产投比为 2.21∶1，每亩纯利润为 2 504 元，较常规稻作的 650 元，高 1 934 元，达到每亩增收 1 500 元以上的效益。

Chapter 7

第七章 农田稻虾生态种养技术

一、 小龙虾品种优势及农田养殖前景

1. 小龙虾及养殖分布

小龙虾学名克氏原螯虾，原产于北美洲，1929 年从日本进入我国。现广泛分布于我国的绝大部分省份，在长江中下游地区养殖面积较大。我国从 2000 年开始在农田里养殖小龙虾，目前农田稻虾生态种养发展迅速。

2. 品种优势

小龙虾具备较多养殖优势：适应性强，生长速度快，食性杂，捕捞容易，运输方便，味道鲜美，营养丰富，繁殖力强，抗病力强，成活率高。小龙虾养殖和加工已有较长历史。

3. 养殖现状

苏联于 20 世纪初进行湖泊水体小龙虾人工放流，1960 年工厂化育苗试验成功。

美国是小龙虾养殖最有成效的国家，路易斯安那州养殖小龙虾世界有名，采取的养殖模式主要是“种稻养虾”。我国于 20 世纪 70 年代开始养小龙虾，1974 年汉口养殖场从南京引进小龙虾试养。近些年许多省份纷纷从湖北、江苏引进小龙虾试养，但多数都是人工放流的养殖方式。

目前，湖北、湖南、江苏、安徽、北京、江西等省份人工养殖小龙虾已形成热潮。近几年，稻田养殖小龙虾发展迅速，主要有“稻虾连作”“稻虾轮作”“稻虾共生”三种模式。

作为淡水产品出口大省的湖北，小龙虾产业蓬勃发展，养殖面积、产量、加工出口量等指标连续位居全国第一。其精心打造的“楚江红”品牌小龙虾已经占全国总产量的一半，出口创汇，占据全国出口市场的重要地位。“世界龙虾看中国，中国龙虾看湖北”已经成为不争的事实。被誉为“中国小龙虾之乡”的潜江已形成集苗种繁殖、生态养殖、加工出口、餐饮服务、冷链物流、精深加工于一体的产业化新格局。

4. 养殖前景

由于小龙虾肉味鲜美，营养丰富，国内外消费量大，出口潜力大，加工前景广阔，且有成熟的养殖技术，国家给予强势的产业优惠政策支持，因此，在我国发展小龙虾养殖具有极好的市场前景。

5. 农田种稻养小龙虾的前景

两保证：保证粮食安全不受影响，稳粮作用；稻田养殖小龙虾，大大增加农田产值和农民的收入。

较高产出：每亩农田产小龙虾 50～300 千克。

节省劳动力：龙虾吃掉田中的杂草及其他水生生物，节省除草除虫的劳动力。

节约成本：龙虾在农田中活动、栖息、觅食，不仅能帮助农田松土、活水、通气，增加农田水体溶氧量，同时通过新陈代谢排出大量粪便，起到保肥、增肥的效果，省去部分肥料及用药资金。

二、 小龙虾形态与习性

1. 体色

性成熟个体体色呈红色或深红色（图 7-1），未成熟个体体色为青色或青褐色。体色随虾栖息环境不同而变化，生活在长江中的小龙虾性成熟个体呈红色，未成熟的个体呈青色或青褐色，生活在水质恶化的池塘河沟中的小龙虾成熟个体为暗红色，未成熟个体为褐色甚至黑褐色。

图 7-1　小龙虾

2. 生活习性

（1）栖息。

环境要求：适应力很强，一般水体环境都适宜，非常适合在农田稻田环境中养殖，离水保湿还能生存 7～10 天。

习性：小龙虾喜阴怕光，白天潜于洞内，傍晚或夜间出洞觅食、寻偶。

pH：喜偏碱性水体，pH 在 7～8.5 时最适其生长和繁殖。

水温：适应范围−1.5～40℃，10～37℃能正常生长，最适生长水温24～30℃，低于20℃或高于30℃生长率下降，饲养和运输水温差不能过大，仔虾幼虾温差不超过3℃，成虾不要超过5℃。小龙虾也能耐高温严寒，可耐受40℃以上的高温，也可在气温−1.5℃以下安全越冬，在珠江流域、长江流域能自然越冬。

（2）行为。

攻击行为：好斗，是螯虾类动物中攻击性较强的物种，对环境的适应性较强，但是较强的攻击行为将导致群内个体的死亡。

领域行为：有很强的领域行为，在其领域内进行掘洞、活动、摄食，不允许其他同类进入，在繁殖季节才允许异性进入。

掘洞行为：冬夏季营穴居生活，大多数洞穴的深度在50～80厘米，洞的位置一般在水面上下20厘米处。

趋水行为：有很强的趋水流性，喜新水活水，逆水上溯，且集群生活。

（3）食性。

食性很杂：植物性饵料和动物性饵料均可食用，各种鲜嫩水草，水体中底栖动物、软体动物、大型浮游动物，各种鱼虾尸体都是小龙虾喜食的，对人工投喂各种植物、动物下脚料及人工配合料也都可食用。

不同发育阶段有差异：刚孵出的幼虾以其自身存留的卵黄为营养，之后不久便摄食幼虫等小浮游动物，随着个体的不断增大，摄食较大的浮游动物、底栖动物和植物碎屑。成虾兼食动植物，主食植物碎屑、动物尸体，也摄食水蚯蚓、摇蚊幼虫、小型甲壳类及一些水生昆虫。

摄食能力很强，具贪食、争食的习性；饵料不足或群体过大时，会相互残杀，并吞食软壳虾。

摄食时间：多在傍晚或黎明，尤以黄昏为多，人工养殖条件下经过驯化白天也会出来觅食，摄食最适水温为24～30℃，水温低于8℃或超过35℃时摄食量明显减少，甚至不食。

（4）生长与蜕壳。

生长：生长速度较快，春季繁殖虾苗经2个月左右饲养，规格达10厘米以上，即可捕捞上市，通常在6—8月捕捞。而秋季繁殖的幼虾，经过越冬后，到第二年的 6—7 月，其规格可达 10 厘米以上，体型比较丰满，壳硬肉厚。性成熟年龄，雌性为 7～8 个月，雄性为 6～7 个月。生长的特点是周期性蜕壳，呈阶梯式生长。

蜕壳（皮）：蜕壳过程用时 5～10 分钟，蜕壳后 30 分钟，体壳开始变硬，活动开始正常，新体壳 12～24 小时后形成。幼体一般 4～6 天蜕皮一次，离开母体进入开放水体的幼虾每 5～8 天蜕皮一次，后期幼虾的蜕皮间隔一般 8～20 天。水温高，食物充足，发育阶段早，则蜕皮间隔短。性成熟的雌、雄虾一般一年蜕壳 1～2 次。每一个蜕壳周期，个体体重增加 50%～80%。

根据小龙虾蜕壳个体体重增加的特点，可采用化学和物理方法刺激并以多种饵料配合轮换投喂，对促进小龙虾蜕壳很有效果，既缩短蜕壳周期，又增加蜕壳次数。

（5）繁殖习性。

繁殖季节：在一年中有两个产卵期，一个在春季的 3—5 月，另一个在秋季的 9—11 月。

产卵周期：当年幼虾需要生长 7～8 个月才达到性成熟，当年不可能繁殖，成年虾每年只能产卵一次，且秋季产卵多于春季。

交配：交配时间长短不一，短的仅 5 分钟，长的达 1 小时以上，一般 10～20 分钟；交配次数不定，有交配 1 次即可产卵的，也有交配 3～5 次才产卵的；交配间隔短者几小时，长者 10 天以上。

产卵：每年春秋季节为产卵季节，产卵行为均在洞穴中进行，整个产卵过程 10～30 分钟，每次产卵 200～700 粒，高产达 1 000 粒以上，卵粒多少与亲虾个体大小及性腺发育有关。

三、农田选择及田间工程建设

1. 农田选择

农田养殖小龙虾技术措施与池塘养殖有所不同，养殖小龙虾的农田要求选择水源充足、水质清新、无污染、进排水方便的田块，能做到旱季不涸，雨季不涝，尤其是冬季，要保障农田能上足水。首选低湖冬泡田，增效明显。养殖田底质要求黏壤土，保水性能好，底泥肥沃疏松，腐殖质丰富。田埂比较厚实、不渗水、不漏水。农田面积大小均可，5～15 亩有利于精细化管理，15～30 亩为一个单元格，便于农田改造和管理。

2. 养殖农田改造

农田养殖小龙虾应开挖环沟和中心沟（图 7-2）。开挖“回”字形沟，环沟离田埂 0.5～1 米，不能紧靠田埂；田中开挖“十”字形沟。虾沟是小龙虾游向稻田的主要通道，也是小龙虾在稻田操作、施肥、施药时躲避的场所（图 7-3）。虾沟一般在栽秧前开挖。具体如下：

图 7-2 稻虾生态种养稻田开沟

图 7-3 稻虾生态种养稻虾共生

挖沟：总的原则，围沟面积应控制在稻田面积的 10%左右。稻田面积在 30 亩以上时，按以下标准改造：稻田田埂宽 1.5 米左右，内侧再开挖环形沟，沟宽 3～4 米，坡比 1∶1.5，沟深 1～1.5 米。稻田面积达到 50 亩的，还要在田中间开挖“十”字形田间沟，沟宽 1～2 米，沟深 0.8 米。稻田面积在 30 亩以下时，围沟宽度 2～3 米即可，中间可以不开沟。

筑埂：利用开挖环形沟挖出的泥土加固、加高、加宽田埂。田埂加固时每加一层泥土都要进行夯实，以防渗水或暴风雨使田埂坍塌。田埂应高于田面 0.6～0.8 米，稻田田埂宽 1.5 米左右，稻田内缘四周筑高 20～30 厘米、宽 30～40 厘米的子田埂。

防逃设施：稻田排水口和田埂上应设防逃网。排水口的防逃网应为 8 孔/厘米（相当于 20 目）的网片，田埂上的防逃网可用水泥瓦做材料，防逃网高 40 厘米。

进、排水设施：进、排水口分别位于稻田两端，进水渠道建在稻田一端的田埂高处，进水口用20目的网袋过滤进水，防止敌害生物随水流进入。排水口建在稻田另一端环形沟的低处，用密眼铁丝网封闭管口，防止小龙虾外逃。按照高灌低排的格局，保证水灌得进、排得出。

四、小龙虾苗种繁育与放养

（一）小龙虾苗种繁育

1. 雌雄识别

（1）从腹肢方面识别。雄性第一、第二对腹足演变成白色、钙质的管状交接器；雌性第一对腹足退化，第二对腹足为分节的羽状附肢，无交接器。

（2）从生殖孔方面识别。雄性的生殖孔开口于第五对胸足基部，为一对肉色、圆锥状的小突起；雌性的生殖孔开口于第三对胸足基部，可见明显的一对暗色小圆孔，胸部腹面有储精囊。

（3）从倒刺方面识别。成熟的雄性背上有倒刺，倒刺随季节而变化，春夏交配季节倒刺长出，而秋冬季节倒刺消失。

（4）从螯足棘突及软疣颜色方面识别。体长相近的成虾，雄虾螯足粗大，腕节和掌节上的棘突长而明显；雌虾螯足相对较小。雄性螯足两端外侧有一明亮的红色软疣；大部分雌性螯足上没有红色软疣，即便有颜色也偏淡。

（5）从个体大小方面识别。性成熟的小龙虾，雄性个体明显大于雌性。

（6）从腹部方面识别。性成熟的雌虾腹部膨大，雄虾腹部相对狭小。

2. 苗种繁育池的选择

有条件的可在养殖的稻田边建立专门的苗种繁育池，专池繁育淡水小龙虾苗种。苗种池条件要求如下：水面积1～3亩；池底淤泥小于10厘米厚；水深1～1.5米；池埂宽1.5米以上；土质要为黏土、不渗水、不漏水。

3. 亲虾放养前的准备

（1）抽水清淤，加固池埂，建防逃墙、防逃网。

（2）施肥肥水。用腐熟有机肥300～500千克/亩，堆于池塘四角，培肥水，然后进水。

（3）投放隐蔽物。进水后向池中投放茶树枝、柳树根、树叶、竹筒、黑 PVC 管等隐蔽物，供淡水小龙虾攀缘、栖息躲藏。

（4）移植水生植物。如水葫芦、水芹菜、野菱白、苦草、聚藻等，其移栽面积以水面的 1/2 为宜。

（5）消毒、清野杂水生动物。亲虾入池前 15 天，用生石灰 100 千克/亩化水全池泼洒。

4. 亲虾的选择与配对

亲虾的选择：①年龄、体重的选择：性成熟 9 个月以上，体重 25～30 克/只；②时间选择：当年的 8—9 月或翌年的 4—5 月；③亲虾选择标准：颜色暗红或黑红色，有光泽，体表光滑无附着物；雌、雄性个体要大，重 40 克以上，最好雄性个体大于雌性个体；亲虾雌、雄性都要求附肢齐全、无损伤、体格健壮、活动能力强。

亲虾的配对：雌雄配比以 1.5∶1 为宜。全人工繁殖模式雌雄比例2∶1；半人工繁殖模式的以 5∶2 或 3∶1 为好；人工增殖模式的雌雄比例通常为 3∶1。

5. 苗种繁育

（1）繁殖场所准备。淡水小龙虾苗种繁育目前主要有两种形式，一种是工厂化人工繁殖，另一种是土池人工繁殖。现在的稻田养小龙虾主要还是自繁自养适度异地补种补苗的阶段，工厂化尚在起步阶段。

工厂化人工繁殖：①培育池：水泥池；②水泥池要求：内壁光滑、进排水设施完备，池底有一定的倾斜坡度，并在出水口有集虾槽和水位保持装置；③水面积：20～100 米^2 为宜；④水深度：0.6～0.8 米为宜；⑤移植水生植物：苦草、轮叶黑藻、眼子菜等沉水植物和水葫芦、水浮莲等浮水植物；⑥设置隐蔽场所：垂直网片、竹筒、瓦片等。

土池人工繁殖：①培育池：土池；②土池的要求：长方形为宜，池埂坡度为 1∶3，进排水设施完备，淤泥适当，并在出水口处有 2～4 米^2 的集虾槽和水位保持装置；③水面积：2～4 亩为宜；④水深度：0.8～1.0 米为宜；⑤移栽水生植物：同水泥池；⑥设置隐蔽场所：同水泥池。

（2）培育用水。①水源：河水、湖水、水库水和地下水，其水源要充足；②水质：清新无污染，符合国家颁布的渔业用水标准；③取水要求：用20～40目的密网过滤，防止昆虫、小鱼、虾及卵等敌害生物进入池中。

（3）抱卵虾选别。每隔20天检捕选别1次，每次检捕抱卵虾，都要按不同的卵色放入不同的孵化池，放养密度为每平方米3～4尾，以达到出苗时间相对一致。

（4）交配产卵。在繁殖季节，雄虾主动接近雌虾，抱紧雌虾，射精后雌虾立即离开。交配时间通常只有1分钟。交配后的几分钟，雌虾用步足分散精团。

交配后24小时雌虾开始产卵，通常再需24小时受精，完成受精的卵子在雌虾的腹部进行孵化。孵化期间雌虾一般隐蔽在隐蔽物中，少数抱卵雌虾仍旧摄食。

（5）孵化条件。在适宜条件下经42天左右胚胎发育孵化出幼体，然后离开母体独立生活。①溶氧：抱卵虾耗氧量大，孵化期内要连续不断地充氧，使得溶解氧在5毫克/升以上；②光照：繁殖也受到光照影响，一般光照14小时，然后盖上黑布，使水池黑暗10小时；③温度：控制在26～28℃；④饲料：抱卵虾的饲料必须由多种食物组成，包括新鲜的水生植物，一些动物饲料如鱼肉和少量的蛋白质含量较高的颗粒饲料。

（6）虾苗孵化。螯虾苗孵化适温为22～32℃，孵化时间为37～48天。抱卵虾在孵化过程中经常腹部蜷曲，以保护受精卵不受外界的影响和损害。因此，虾苗孵化时要注意以下几点：

一是水质稳定。孵化池一定要做到水质良好、溶氧充足，保持微流水，适当遮阳避光，防止日水温差过大。

二是环境安静。尽可能避免惊吓和不必要的捕捞检查。

三是适量投饲。产卵孵苗后的亲虾要强化培育，保持适量投饲，并增加活饲料，为下次产卵提供物质基础。

四是建立档案。及时建立抱卵虾不同孵化池档案。

（二）虾苗放养

1. 养殖场地

小龙虾有掘穴打洞习性，一般洞穴深度在50～80厘米，部分超过1

米，为避免掘穴外逃，培育区（池）四周埂宽应在 1.5 米以上，并在埂上四周设置 0.5 米高、内壁光滑的防逃墙或防逃板，建好进、排水系统。

培育区（池）中间要搭建几条泥埂，两侧不要与池埂相连，埂长为池长的 4/5，埂宽 1 米以上，埂高出水面 5～10 厘米，为小龙虾创造打洞穴居的场所。

池水深 0.5～1 米为宜，最好中间水深、四周有浅滩。池底放置树根、竹筒等，水面移种水草。

2. 放养准备

（1）清田消毒。

生石灰消毒：有干法消毒和带水消毒两种。干法消毒，每亩用生石灰 60～80 千克，全田无水，生石灰兑水泼洒，再经 7 天晒田后，灌入新水；带水消毒，每亩以 1 米水深计算，用新鲜生石灰 125～150 千克，把新鲜生石灰放在水中溶解后，全田均匀泼洒。

漂白粉消毒：将漂白粉溶化后，全田泼洒，用量为每亩 7 千克，次氯酸钙用量减半。

敌百虫消毒：每亩水面用晶体敌百虫 500 克，溶化后全田泼洒。

（2）进水和施肥。注入新水时要过滤，以防止野杂鱼及鱼卵随水入田。同时施肥培育浮游生物，使其成为虾的直接天然饲料。常用有机肥料施用量为每亩 75～100 千克，使水色有一定的肥度。此时水位较浅，随着水的加深，要逐步增加施肥量，施肥量要视水色而定。

（3）种植水草。小龙虾食性杂，尽管偏食动物性饵料，但在动物性饲料不足的情况下，也吃水草来充饥。小龙虾摄食的水草有苦草、轮叶黑藻、凤眼莲、水浮莲和喜旱莲子草（水花生）等。水草同时是虾隐蔽、栖息的理想场所，也是虾蜕皮的良好场所。在水草多的稻田中养虾，虾成活率高、品质好。

3. 幼虾放养

（1）放养的虾苗苗种质量要求。①规格整齐：虾苗规格要求在 1 厘米以上，虾种规格为 3～5 厘米。同一田块放养虾苗或虾种，要求规格一致，一次放足。②体质健壮：放养的虾苗、虾种活力要强，附肢齐全，无病无伤，且耐旱的能力较强，离水相当长一段时间不会死亡。③野生虾种需驯养：购买的野生虾种需经人工驯养一段时间后才能放养，以避免相互残杀，提高放养的成活率。

（2）投放方法和注意事项。幼虾投放时间一般在4月，投放时可将幼虾放进塑料盆内，先往盆里慢慢添加少量田水至盆内水温与田水接近，并按盆内水量加入3%～4%食盐浸浴5分钟左右消毒，再沿田边缓缓放入田中，放养时注意避免暴晒。

一般可放养3厘米左右的幼虾1万～1.5万尾或重量40～60千克/亩；或放养规格为250～600尾/千克，稚虾放养密度为22.5万～30.0万尾/公顷。如从外地购运虾苗，离水时间长，有些虾甚至出现昏迷现象，应在水盆中暂养20分钟再投放，可提高成活率（目前较成功的养殖模式有两种：一是7—9月投放种虾，规格为30克以上，每亩投放20～30千克，雌雄比例（2～3）：1，第二年适当补充；二是在4—5月投放幼虾，每亩投放规格为3～5厘米的幼虾0.5万～0.8万尾，随着投放时间的推迟投放量适当减少）。

4. 幼虾的收获

幼虾在池中培育15天左右即可长成3～5厘米，此时可将幼虾收获到稻田中养殖。

收获方法：①拉网捕捞：适合于土池。②排水收虾：适合于面积大小不等的稻田。

五、 水稻栽培

稻虾共生模式可以选择早、中、晚稻，一般情况下一年只种一季稻谷（中稻），且水稻品种要选择抗倒伏的品种，插秧时最好用翻耕抛秧法。

1. 水稻品种选择

养虾稻田只种一季稻，水稻品种要选择产量较高，米质较优、口感好，茎秆高，生长周期长，叶片开张角度小，抗病虫害、抗倒伏且耐肥性强的紧穗型品种。

2. 稻田整理

稻田整理即建子田埂或内田埂。在靠近虾沟的田面围上一周高20～30厘米、宽30～40厘米的土埂，将环沟和田面分隔开。

3. 施足基肥

对于养虾的稻田，可以在插秧前10～15天，亩施用农家肥200～300千克、尿素5～10千克，均匀撒在田面并用机器翻耕耙匀。

4. 秧苗移植

秧苗在6月中旬开始移植，采取浅水栽插、条栽与边行密植相结合的方法，养虾稻田宜推迟10天左右。移植密度以30厘米×15厘米为宜，以确保小龙虾生活环境通风透气性能好。

5. 稻田管理

（1）水位控制。3月，稻田水位控制在30厘米左右，4月中旬以后，稻田水位应逐渐提高到50～60厘米；6月插秧后，前期做到薄水返青、浅水分蘖、够苗晒田；晒田复水后湿润管理，孕穗期保持一定水层；抽穗以后采用干湿交替管理，遇高温灌深水调温，收获前一周断水。越冬期前的10—11月，稻田水位控制在30厘米左右，使稻蔸露出水面10厘米左右，越冬期间水位控制在40～50厘米。

（2）施肥补肥。始终坚持“前促中控后补”的施肥原则。

（3）水稻病虫害防治。防治重点和防治方法：

①物理防治：按每3.3公顷安装一盏杀虫灯的标准诱杀成虫。

②生物防治：利用和保护好害虫天敌，使用性诱剂诱杀成虫，使用杀螟杆菌及生物农药苏云金杆菌粉剂防治螟虫。

③化学防治：重点防治好稻蓟马、螟虫、稻飞虱、稻纵卷叶螟等害虫。防治方法见表7-1。

④病害防治：重点防治好纹枯病、稻瘟病、稻曲病等病害，防治方法见表7-1。

表7-1 水稻病虫及其防治方法

病虫	防治时期	防治药剂	用药方法
稻蓟马	秧田秧苗卷叶株率15%，百株虫量200头，插秧的大田卷叶株率30%，百株虫量300头	吡蚜酮	喷雾
稻水象甲	百蔸成虫30头以上	氯虫苯甲酰胺、氯虫噻虫嗪	喷雾

（续）

病虫	防治时期	防治药剂	用药方法
稻飞虱	卵孵高峰至1～2龄若虫期	使用呋虫胺、吡蚜酮；虫量大使用前两种药剂混用烯啶虫胺	喷雾
稻纵卷叶螟	卵孵高峰至2龄幼虫前	氯虫苯甲酰胺	喷雾
稻瘟病	发病初期	三环唑、肟菌戊唑醇	喷雾
纹枯病	发病初期	井冈霉素、苯甲丙环唑	喷雾
稻曲病	破口前3～5天	苯甲丙环唑、戊唑醇	喷雾

六、 饲养管理

1. 亲虾养殖管理

（1）亲虾的培育。

投饲：在亲虾的养殖过程中，必须增加动物性、高营养性饲料的投入。动物性饲料的投喂：动物性饲料以新鲜的螺、蛆、蚌肉、小杂鱼、屠宰下脚料为主，投喂的方法是将动物性饲料切碎沿田四周投喂。植物性饲料的投喂：植物性饲料以黄豆、玉米、麸皮、小麦等为主，其投喂方法是将植物性饲料浸泡后沿稻田四周投喂。

投喂时间、次数和数量：投喂时间和次数，每天两次，上午一次的投喂量占全天投喂量的30%左右；傍晚一次的投喂量占全天投喂量的70%左右。投喂总量，2—3月为亲虾总体重的2%～3%；4月、10月为4%～5%；5—9月6%～8%。

（2）“二巡”和“四查”管理。

“二巡”：每天早、晚各巡田一次。

“四查”：每次巡田时必须一查水质、水位；二查小龙虾摄食情况；三查防逃设施完好程度；四查虾病害侵袭情况。

2. 亲虾的捕捞

（1）6月底至7月初放养的亲虾，在8月下旬开始捕捞雄虾，直至把雄虾捕捞完毕；9月开始捕捞雌虾。

（2）8—9月放养的亲虾，不能捕捞，做好越冬管理工作。

3. 收水稻期间小龙虾的管理

水稻成熟前15天（图7-4），慢慢排水，直到田面无水，水位降到田面10厘米以下，小龙虾全部进入沟凼内。同时保证沟凼水体溶氧充足和有足够的饵料。

图7-4 稻田稻虾生态种养收稻时

4. 亲虾的越冬管理

亲虾在整个过冬期间基本不摄食，消耗很大。因此越冬前必须加强投喂，增强亲虾的体质，为安全越冬储备必需的营养，提高越冬的成活率。

（1）加水保温。当水温降至10℃以下时，适当加深水位，保证洞口有水或潮湿，但水不可超过洞口，比洞口略低，否则亲虾会出洞重新选择地方打洞。

（2）铺植物秸秆保暖。当亲虾基本入洞后，沿稻田四周水边铺一层薄薄的植物秸秆，如稻草、芦苇、香蒲等。一是为了保暖；二是为在亲虾越冬前产下的虾仔提供隐蔽越冬的场所。

（3）施肥养水。冬天水质由于受天气的影响极易变清，根据实际情况必要时还要追施肥料，保持透明度在30厘米左右。目的是水肥不易结冰，水中的浮游生物多，尤其到冬天，浮游生物会快速地大量繁殖，仔虾一出洞就极易得到丰富的营养，可提高仔虾的成活率。

稻虾生态种养越冬状态见图7-5。

5. 苗种养殖管理

（1）投饲。幼虾投放第一天即可投喂鱼糜、绞碎的螺蚌肉、屠宰场的下脚料等动物性饲料（以下简称动物性饲料），日投喂量一般以幼虾总重

图 7-5　稻虾生态种养越冬状态

的 5%～8%为宜，具体投喂量应根据天气、水质和虾的摄食情况灵活掌握。日投喂量的分配如下：早上 20%，下午 20%，傍晚 60%；或早上 20%，下午 20%，傍晚 30%，午夜 30%。

（2）巡田。早晚巡田，观察水质等变化。在幼虾培育期间水体透明度应为 30～40 厘米。水体透明度用加注新水或施肥的方法调控。经 15～20 天的培育，幼虾规格达到 2.0 厘米后即可撤掉围网，让幼虾自行爬入稻田，转入成虾稻田养殖。

6. 成虾养殖管理

（1）投饲。养殖时应以水草为主，适当配以豆渣、米糠、麦麸、饼类等农副产品及小龙虾专用饲料。投喂做到“四定”，即定时、定点、定质、定量。早期宜以动物性饲料为主，中期以水草、农副产品饲料为主，后期以农副产品饲料和人工配合饲料为主。坚持每日 1～2 次，上午和傍晚投喂，日投喂量控制在存虾总重量的 3%～5%，一般以当天投喂的饵料在 3～4 小时吃完为宜。有条件的可多投放一些螺、蚬。

具体投喂量应根据气候和虾的摄食情况来调整。当水温低于 12℃时，可不投喂。翌年 3 月，当水温上升到 16℃以上，每个月投 2 次水草，用量为 100～150 千克/亩。每周投喂一次动物性饲料，用量为 0.5～1.0 千克/亩。每日傍晚还应投喂 1 次人工饲料，投喂量为稻田存虾重量的 1%～4%。另外要经常观察虾的活动情况，当发现大量的虾开始蜕壳或者小龙虾活动异常、有病害发生时，可少投或不投。

（2）巡查、水位控制。11—12 月保持田面水深 30～50 厘米，随着气温的下降，逐渐加深水位至40～60厘米。

饲养管理应把握好以下几点：

①按小龙虾不同生长发育阶段对营养的需求，做好饵料组合工作。在稚虾和虾种阶段，小龙虾主要摄食轮虫、枝角类、桡足类及水生昆虫幼体，因而应通过施足基肥、适时追肥，培养大量轮虫、枝角类、桡足类及水生昆虫幼体，供稚虾和虾种捕食。同时辅以人工投饵。

②8—9月是小龙虾快速生长阶段，则应以投喂麦麸、豆饼及嫩的青草、南瓜、甘薯、瓜皮等为主，辅以动物性饵料。

③5—6月是小龙虾亲虾性腺发育的关键阶段，而8—9月则是龙虾积累营养准备越冬阶段，此时应多投喂动物性饵料，如鱼肉、螺蚬蚌肉、蚯蚓及屠宰场的动物下脚料等，从而充分满足小龙虾生长发育对营养的要求。

七、病害防治

1. 疾病原因

①消毒：四消（苗种消毒、饵料消毒、工具消毒、食场消毒）不彻底；②水温突变；③饲料变质；④带病菌；⑤种虾规格不整齐；⑥pH不在7～8。

2. 病害诊断

（1）现场观察。

（2）体表检查。头胸甲、腹部、尾部、步足、腹肢。如虾体呈黑色，肛门发红且脱肛，可能是肠炎；腹部与附肢腐烂则为烂肢病；体色发黑，头胸甲后缘与腹部交界处出现裂缝，为蜕壳不遂症；低温时头胸甲成块变白，可能是冻伤。

3. 预防方法

（1）原则。无病早防，有病早治，防重于治。

（2）具体措施。①体外消毒；②投喂药物、药饵；③中草药预防；④食场消毒；⑤渔具消毒。

（3）微生物制剂预防。

【扫二维码视频9】
用微生物制剂预防农田里小龙虾疾病

4. 常见病防治

（1）白斑综合征。

病原：白斑综合征病毒。环境条件恶化是诱发此病的主要外界因素，水温 20～26℃时最易急性暴发。此外，天气闷热、连续阴天暴雨、稻田沟凼底质恶化均可诱发此病暴发。

症状：发病小龙虾在初期无明显症状，后期不摄食，反应迟钝，应激能力较弱；螯肢及附肢无力，无法支撑身体；血淋巴不易凝固，头胸甲易剥离，肝胰腺颜色淡黄，腹节肌肉苍白；在头胸甲部位常出现白斑。

防治：一是放养健康、优质的种苗，注意苗种来源，稻田是否有白斑综合征感染历史，购买虾苗时应先调查是否有死虾现象，如有最好不要购买。二是保持合理的放苗密度，放养量不宜过多。三是投喂蛋白质含量高的优质配合饲料，蛋白质含量保持在 26%左右，提高养殖虾抵抗力。四是保持良好的水质，定期泼洒生石灰或使用微生物制剂如光合细菌、EM 菌等，保持水环境的稳定。五是药物预防和治疗。在病害易发期间，可用 0.2%维生素＋1%的大蒜（打成浆）＋2%强力病毒康，水溶解后用喷雾器喷在饲料上投喂，起到防病作用。对发病稻田外用二氧化氯全沟凼消毒，内服免疫功能类中草药，能有效控制病情。六是在养殖过程中如发现有死虾，须在远离养殖田处深埋，杜绝病毒进一步扩散。七是做好稻田档案记录工作，以备查询追溯。

（2）微孢子虫病。

病原：由微孢子虫所致。微孢子虫是一类微小的孢子虫，孢子呈梨形、椭圆形、茄形等，孢子长 2～10 微米，内部构造必须在电子显微镜下才能看清楚。在虾上寄生的主要有以下三个属的种类：①微粒子虫：每个母孢子产生 1 个孢子；②特汉虫：每个母孢子产生 8 个孢子；③匹里虫：每个母孢子产生 160 个孢子。

症状：患病小龙虾肌肉变白，组织松散且柔软，有的患病小龙虾背面和背侧面可见蓝黑色的色素沉淀。如感染了特汉虫，其寄生在小龙虾头胸甲内的生殖腺中，也有寄生在血管和消化道的平滑肌中，病症显示小龙虾的背部中线有不透明的白色区。

防治：此病到目前为止还没有取得治疗成功的报道，对此，在小龙虾养殖的过程中，只能加大预防力度。预防措施：①繁殖用的亲虾必须进行严格检疫，一定要选用健壮的虾用于繁殖。②水必须经过沉淀、过滤；在此病严重地区，养殖田的水还必须先进行消毒后再进行净化、优化。对已有发病史的稻田，可利用冬季干田暴晒，达到严格消毒目的。稻田在放虾前彻底清淤和彻底消毒；生石灰用量为 150 千克/亩，留水 15 厘米深，全田溶解泼洒；7 天后再进入新水备用。用 0.2～0.3 毫克/升晶体敌百虫全田泼洒，每周 1 次，连续 3 次。③小龙虾种虾在放养前用 3%～4%的食盐水浸洗。④投喂的饲料营养全面，并添加光合细菌、芽孢杆菌、β-葡聚糖等免疫激活剂，提高小龙虾抵抗力。⑤加强饲养管理，采用生物、物理、化学等综合手段，保持水质优良。⑥发现有病体应及时捞出煮熟或深埋在远离稻田及水源的地方。⑦发病稻田及用过的工具都要进行消毒。此外，用浓度为 0.4 毫克/升的二氟苯乙烯酸钠全沟凼泼洒，每月施药 1 次，可预防此病发生。

（3）烂肢病。

病原：捕捞、运输中受伤或敌害生物致伤感染弧菌属细菌所引起。

症状：虾体的腹部、附肢腐烂，肛门红肿，一旦该菌侵入内部器官，肝脏有明显肿大，小龙虾食欲减退或不食，活动迟缓，发呆，最终影响正常蜕壳而导致死亡。

防治：①投饵要新鲜，注意驱除、杀灭寄生虫，控制病原菌生长繁衍。②在捕捞或运输时，操作要轻，尽量不使虾受损伤。③生产季节，每亩水深 1 米的水体用生石灰 20～30 千克，溶水后全田泼洒，每周 1 次，连续使用 2～3 周。④发病期间，用聚维酮碘溶液进行全田消毒，2 亩水面用一瓶；同时内服杀灭寄生虫的药物，每组拌料 20 千克，连喂 5 天。

（4）纤毛虫病。

病原：由钟形虫、斜管虫和累枝虫寄生所引起。

症状：体表有许多棕色或黄绿色绒毛，对外界刺激无敏感反应，活动无力，虾体消瘦，头胸甲发黑，虾体表多黏液，全身都沾满泥脏物，并拖着条状物，俗称“拖泥病”。如水温和其他条件适宜时，病原体会迅速繁殖，2～3 天即布满虾全身，严重影响小龙虾的呼吸，往往会导致小龙虾大批死亡。

防治：此病的发生与田水污浊有密切关系，因此，保持水质清洁、用药物彻底消毒、杀灭丰年虫卵，是预防此病的有效方法。在生产季节，每周换新水 1 次，保持池水清新，有较好的效果。虾种放养时，可先用 1% 食盐浸洗虾种 3～5 分钟。

治疗时，可采用浓度为 0.5～1 毫克/升的新洁尔灭与 5～10 毫克/升的高锰酸钾合剂浸洗病虾；用浓度为 0.7 毫克/升的硫酸铜和硫酸亚铁合剂（5∶2）全田泼洒，效果较好；用含 50% 的代森铵全田泼洒，浓度为 0.5 毫克/升；用苦楝树枝叶煮汁全田泼洒，即水深 1 米的虾池，每亩水面用苦楝树枝叶 25～30 千克煮汁使用。

（5）聚缩虫病。

病原：由聚缩虫寄生于虾体甲壳上引起。

症状：病虾体表污物较多，摄食和活动能力逐渐减弱，重者多在黎明前死亡。镜检可发现虾体步足、头胸甲、鳃部及额部均布满聚缩虫。

防治：生产季节，每 3～5 天向池中加注新水 1 次，改善水质；或用生石灰（每亩水深 1 米水体用 20～30 千克）溶液全田泼洒，调节水质。发病期间，用浓度为 0.5～1 毫克/升的新洁尔灭与 5～10 毫克/升的高锰酸钾混合液浸洗病虾；或重泼田边水草处。

（6）冻伤。

病因：小龙虾属变温动物，水温低于 4℃时虾将会被冻伤甚至冻死。

症状：冻伤时，胸甲明显肿大，腹部肌肉出现白斑，随着病情加重，白斑也由小变大，最后扩展到整个躯体。小龙虾病初呈休克状态，平卧或侧卧在浅水层草丛里，严重时，出现麻痹、僵直等症状，不久即死亡。

防治：要做好防寒防冻工作，早冬期，自然水温下降到 10℃时，应将农田沟凼水加到适宜的水位。在越冬期间，可在田中投放有机肥料或稻草，促使水底微生物发酵，提高水温。在秋冬季，注意多投脂肪性饲料，如豆饼、花生饼和菜籽饼等，增加虾的抗病害能力。

（7）蜕壳受阻症。

病因：可能是其生长水体缺乏某种元素所造成。

症状：虾头胸部与腹部交界处出现裂痕，全身发黑，最终慢慢死亡。

防治：每 15～20 天，每亩水深 1 米水体用生石灰 20～30 千克，溶水后全田泼洒，有预防作用。用浓度为1～2毫克/升的过磷酸钙全田泼洒，有防治作用。用0.1%～0.2%的蜕壳生长素拌入饵料中喂养，促进虾蜕壳；在饵料中提高骨粉、蛋壳粉和鱼粉等含量，增加钙素，有助于虾蜕壳。

（8）畸形。

病因：水中重金属盐类过多或某种营养元素缺乏而造成。

症状：病虾身体弯曲，或尾部弯曲、萎缩，或附肢上刚毛变弯，甚至残缺不全。幼体趋光性较差，活动无力，多数沉入水底，蜕皮十分艰难。

防治：①加强饲养管理，多喂含钙、磷及营养丰富的饲料。如在5千克豆浆中加500克生石灰泼入田中，或每亩水面投喂贝壳粉1.5千克，或者每天每万只虾投喂鱼粉500～1 000克，效果较好。②亲虾在抱卵孵化时，控制水温在22～25℃为宜。同时要严格禁止重金属盐类入田，如锌、铜和铬等，保持田水清洁、无污染。

（9）泛沟凼。

病因：由田水溶氧不足而引起。

症状：虾缺氧烦躁不安，四处逃窜，成群爬到岸边草丛处不动，或爬上岸（图7-6），离水时间长会死亡。

图7-6　稻虾生态种养大气压低、水体缺氧时小龙虾自救

泛沟凼季节：多数发生在夏秋闷热季节静水沟凼中，5—10月多发生在黎明前后。

预防：冬闲时及早清除田沟凼底部过多的淤泥；使用已发酵的有机肥，防止水质过浓；控制虾种放养密度；坚持巡田，常加新水，保持田水清爽。

治疗：发现虾不安，立即加注新水，但不能将水直接冲入，最好是喷洒落入水面；田间水深 1 米，每亩水面用明矾 2～3 千克，溶水后全田泼洒；每亩水面用石膏粉 2～4 千克，溶水后全田泼洒；每立方米水中放 50 克过碳酸钠，溶水后全田泼洒；每亩水深 1 米水体用 5 千克食盐、5 千克黄泥，加水制成糊状全田均衡泼洒；每亩水深 1 米水体，用生石灰和人尿各 5 千克，加水全田泼洒，不仅可以改良水质，减少或消除硫化氢、甲烷等有害物质，还可防止溶氧减少；每亩水深 1 米水体用 3～4 克过氧化钙，溶水后遍洒全田，1～2 小时见效；每亩水深 1 米水体用 3 毫升过氧化氢（双氧水）增氧，当田水缺氧时，把双氧水瓶盖打开放到田水中，让其自动溢出增氧。

（10）虾中毒症。

病因：①由田中残饵、排泄物、水生植物和动物尸体的腐烂引起的。②由工业污水中的汞、铜、锌、铅等重金属元素含量超标引起的。③由使用杀虫剂农药引起的。

症状：一般分为两类。一类发病慢，出现呼吸困难，摄食减少，零星死亡，可能是田内有机质腐烂分解引起的中毒；二类发病急，出现大量死亡，尸体上浮或下沉，在清晨田水溶解氧量低下时更明显。解剖时，可见鳃丝组织坏死变黑，但鳃丝表面无有害生物附生，镜检没有原虫、细菌。中毒较轻时部分虾死亡，较重或特别严重时全部死亡。

防治：①清理水源，切断污染源；②立即将存污虾转入新田中培养。③对由于有机质分解引起的中毒，可用降硝氨和解毒安进行处理，田间解毒安按 250 克/（亩·米）配合降硝氨 1 千克/（亩·米），全田泼洒，可以有效缓解中毒症状。

5. 虾种浸法注意四个方面

一是采用两种以上药物时，先要分别将药物溶解，再倒入容器内待用。使用的容器最好选用木桶、小木船的船舱或陶瓷水缸。

二是掌握浸洗时间的长短，要根据水温的高低和虾种的健康状况而定。水温高，浸洗时间要相应缩短些；反之，浸洗时间则长些。如虾种较弱，浸洗时间应短些；反之，强壮的虾种浸洗时间应长些，一般为 10～30 分钟。

三是虾种浸洗密度，一般每立方米水体可放体长 2～3 厘米的虾种 1.5 万～2 万尾，或亲虾 2 000～2 500 尾。浸洗时，虾种不能放得太密，避免缺氧死亡。

四是浸洗时，要时刻观察虾种活动情况，如发现有浮头或挣扎，应迅速捞起虾种放入清水中，防止死亡。

6. 小龙虾敏感的药物

小龙虾对目前广泛使用的农药和渔药反应敏感，特别是菊酯类药物易使其中毒死亡。避免使用对小龙虾特别敏感的农药：有机磷、除虫菊酯、菊酯类的杀虫剂等；禁用敌百虫、溴氰菊酯（前文提及消毒）等农药；禁用氨水和碳酸氢铵作为秧苗肥料。

八、 捕捞与运输

1. 小龙虾的捕捞

淡水小龙虾生长速度快，池塘饲养、稻田饲养或其他水域饲养淡水小龙虾，经过 3～5 个月的饲养，成虾规格达到 30 克以上时即可捕捞上市。

（1）捕捞时间。

① 3—4 月放养的幼虾，7 月即可开始捕捞，8 月中旬集中捕捞，9 月底全部捕捞完毕。② 9—10 月放养的幼虾到第二年的 6 月即可开始捕捞，8 月底即可捕捞完毕。

（2）捕捞工具。

淡水小龙虾的捕捞工具有虾笼、地笼网、手撒网、虾罩、钓竿、拖网等。市场上均有售，按成虾规格选购。

（3）捕捞方法。

①稻田捕捞方法：虾笼诱捕，虾罩在夜间扳捕，用赶虾网在水体草丛种赶捕，在池中设置虾窝于白天用手撒网抄捕，大网围捕，放水干田提捕。② 网箱捕捞方法：虾笼诱捕；在箱中设置虾窝，于白天用手撒网抄捕。

2. 淡水小龙虾的运输

淡水小龙虾生命力很强，在离水保温状态下可以存活7～10天，因此商品淡水小龙虾的运输比较方便。

（1）干运法。

干运法可分为地面运输和空中运输两种。

地面运输：① 运输容器：蛇皮袋、蒲包、木桶、木箱、硬纸箱等，其容量以20～30千克为宜。② 运输工具：自动车辆、汽车、轮船等。③ 运前准备：按体质强弱、规格大小对虾进行分类，降低运输死亡率，提高运输存活率。④ 运输中管理：每隔3～4小时，用清洁水喷淋一次，使虾体保持一定的温度，高温季节运输要放冰降温。

空中运输：① 运输容器：泡沫塑料、聚乙烯、津蜡纤维板或瓦楞纸板等，其容量以30～50千克为宜。② 装箱填加材料：粗麻布和木屑等，有助于防止虾体受伤、提高成活率。③ 运前准备：按体质强弱、规格大小对虾进行分类，降低死亡率，提高运输成活率。④ 装箱添加：冰块和填加材料。

（2）水运法。

水运法是指在运输容器中装水运输。① 运输容器：帆布篓、木桶、水缸、帆布袋、尼龙袋等。② 运输工具：自动车辆、汽车、轮船等。③ 虾水比例：（1～1.5）∶1。④ 运前准备：按体质强弱、规格大小对虾进行分类，降低死亡率，提高运输成活率。⑤ 装箱（袋）添加：氧气袋、冰块或泥鳅（少量）、水葫芦等。⑥ 运中管理：每4～5小时翻动虾一次，运输时间超过24小时，可在容器中加放青霉素，按5升水1万单位加入。

（3）尼龙袋装运法。

尼龙带装运法是指在尼龙袋中充水充氧运输小龙虾，其特点是灵活、轻便、运输密度大、成活率高达98%以上，适合长途运输。

①尼龙袋规格：长70～80厘米，宽40厘米，前端留有10厘米×15厘米的装水空隙。外再套一袋子。② 运量：8～10千克/袋。③ 虾水比例：1∶1。④ 装运添加：充氧、加冰。

（4）箩筐带冰运法。①特点：便于堆架，运量大，可长途运输。②运量：50～80千克/筐。③运程：可达48小时。④成活率：90%以上。

（5）蛇皮袋装运法。①特点：适合短途运输，不可能挑运、抬运、吊运等。②运量：袋容量的1/3～1/2。③运程：12小时以内。④成活率：90%以上。⑤运输管理：每2～3小时用清洁水喷淋一次，高温时加冰块降温。

首先，要挑选精神足、刚捕捞的小龙虾，最好每个塑料泡沫箱装同样规格的小龙虾，先一层一层地把龙虾的头朝同一个方向摆好，用清水冲洗干净，再摆第二层，摆到最上面的一层后，铺一层塑料编织带，撒上一层碎冰，每个箱子正常放1～1.5千克碎冰，盖上盖子封好。

其次，要计算好运输的时间，正常情况下，在途运输时间控制在4～6小时，如果时间长，就要中途再次开箱撒碎冰，如果中途不能开箱加冰，事先就要多放些冰，以防止冰块全部融化又遇高温，导致虾大量死亡。

最后，泡沫箱不要堆积得太高，正常在5层以下，以免堆积过高压死小龙虾。在小龙虾的储藏与运输过程中，小龙虾的死亡率正常控制在2%～4%。超过这个比例，则不是最佳储运方案。

九、关键问题

（一）一些常见问题

1. 小龙虾回捕量少的原因分析

（1）小龙虾投放量不足。无论单养、混养都存在放苗不足。小龙虾抱卵量100～700粒，平均237粒。卵经过孵化后发育成幼虾，1尾亲虾最终一年产虾苗50～200尾。

（2）苗种雌雄比例失调。①上一年对稻田中的雄虾无论大小进行大量起捕，致使下一年田中雌虾多。从4月开始捕捞的几乎全是性未成熟的雌虾，虾苗量也少。②放养苗种时未进行雌雄鉴别，使有的稻田中雄虾多，再加上田中隐蔽物不足，雄虾为了争配偶，出现相互残杀的现象。

（3）苗种成活率低。有的养殖户从外地购买来源不明的苗种，小龙虾苗种在下田后陆续死亡。他们所买的苗种有的是从市场上收购的，有些甚至是药捕虾或是受了严重内伤的虾，其成活率自然很低。另外，由于远距离运输，小龙虾鳃丝缺水，下田时又未做缓冲处理，直接下田，其苗种成活率也不高。

(4) 生态环境不好。小龙虾与其他甲壳动物一样，必须蜕掉体表的甲壳才能完成其突变性生长。但小龙虾在蜕壳时和刚蜕壳不久，对敌害的抵抗力很弱。因此稻田中缺少水草，无法为小龙虾提供蜕壳、栖息、隐蔽场所，其成活率也很低。

(5) 饵料不足。小龙虾严重饥饿时会以强凌弱，相互格斗。但目前多数养殖户不根据水体中饵料生物丰歉程度进行适量的投喂，致使水体中饵料缺乏，小龙虾自相残杀。

(6) 未及时回捕。小龙虾的整个生命周期为 14 个月。一部分小龙虾性成熟交配后容易死亡，尤其是雄虾。

(7) 水位上涨后小龙虾逃跑。很多养殖户反映，水位上涨前小龙虾大量回捕，水位上涨后龙虾几乎捕不到。小龙虾在水位、水质突然发生变化时容易由一水体进入另一水体。因此做好防逃设施也很重要。

2. 解决措施

(1) 小龙虾苗种要就地收购就地放养，最好自繁苗种。异地购苗，要注意避免购买药捕虾。小龙虾收购后离水时间不能太长，一般要求离水时间不超过 3 小时。亲虾和虾苗规格要尽量整齐，体质健壮，无病无伤。目前普遍采用的且效果好的小龙虾人工增殖养殖方式是：在每年 7—9 月，每亩稻田投放经挑选的亲虾 18～20 千克，雌雄比例为 3∶1，亲虾的规格在尾重 40 克以上。让亲虾在稻田内自然繁殖，第二年春季孵出小苗进行养殖。

(2) 适时回捕。小龙虾隔年性成熟，9 月离开母体的幼虾到第二年的 7—8 月性成熟。6 月离开母体的幼虾到第二年的 4—5 月性成熟。小龙虾性成熟交配后，雄性容易死亡。一般饲养 2 个月左右，当小龙虾体重达 40 克以上时，可捕捞上市，捕捞小龙虾采用虾笼、地笼、围网等方法，捕大留小。

(3) 及时补充水草和饵料。尤其是 7—8 月，水草腐烂后应及时补充水草，以满足小龙虾生长和蜕壳的需要。在主养小龙虾的田块，由于放苗量大，需在放苗后 3 天内，投以绞碎的小鱼和碎肉。放苗 3 天后至 1 个月内投放小杂鱼、碎肉或配合饲料，待虾苗长至 6～7 厘米时，可全部投喂轧碎的螺蛳、河蚌及适量的植物性饲料如麦子、麸皮、玉米、饼粕等或配合饲料。日投喂量以吃饱、吃完、不留残饵为准，一般小龙虾苗按其体重的15%～20%投喂，成虾按其体重的5%～10%投喂，具体可根据虾的吃食情况进行调整。

（4）加强管理。根据水中饵料生物的丰歉适量进行人工投饵，确保小龙虾生长和及时上市。保持水质的清新，严防水质受到工业污染、农药污染和化学污染，清除敌害。若发现小龙虾反应迟钝，游集到岸边，浮头并向岸上爬，说明缺氧严重，要及时注水或开增氧机增氧。

（5）建设防逃设施。小龙虾爱打洞窟，所以低田埂加高加固，养小龙虾的围埂至少要有1.5米宽，围网也要下埋20厘米深，以防小龙虾逃跑。

（6）幼虾补放。第一茬捕捞完后，根据稻田存留幼虾情况，每亩补放3～4厘米幼虾1 000～3 000尾，幼虾从周边虾稻连作稻田或池塘、沟渠中采集。挑选好的幼虾装入塑料虾筐，每筐装重不超过5千克，每筐上面放一层水草，保持潮湿，避免太阳直晒，运输时间不应超过1小时，运输时间越短越好。

（7）亲虾留存。由于小龙虾人工繁殖技术还不完全成熟，目前还存在着运输成活率低的问题，为满足稻田养虾的虾种要求，建议在8—9月成虾捕捞期间，前期是捕大留小，后期应捕小留大，目的是留足下一年可以繁殖的亲虾。要求亲虾存田量每亩不少于15千克。

（二）应对灾害性天气

夏天天气不稳定，时凉时热，忽晴忽雨。如何应对夏天灾害性天气，在天气转变前调水至最佳状态呢？实践表明，浓水色和低透明度更易抵御灾害性天气。

在灾害天气到来之前，应努力提高水位，增加蓄水量。

灾情发生期间处理技巧：开增氧机，投放沸石粉，每亩投放2千克左右葡萄糖和200克维生素C。在使用内服药时，也可以结合使用光合细菌和EM菌，用量是饲料量的0.3%～0.5%。

十、提高稻田小龙虾养殖效益的措施

1. 提高小龙虾产量方法

合理的养殖密度，放养规格应基本一致，正确地投饵，及时改良水质，增加隐蔽物。

2. 总结

（1）管。做好规划、精心管理。

（2）种。购买良种。

（3）水。养殖全过程的水质精心管理与调控。

（4）饵。购买优质全价配合饲料和充分利用本地食物资源。

（5）混、密、轮。选定最恰当的养殖模式。

（6）防。全程预防，及时对症治疗。

十一、 稻虾沟内小网箱养殖黄鳝或泥鳅

充分利用农业资源，利用稻虾沟凼的水资源和立体结构，利用生物与生物间、生物与非生物间关系，在稻虾沟凼内用小网箱养殖黄鳝（图 7-7）或泥鳅。

图 7-7　稻虾生态种养沟凼内小网箱养殖黄鳝

【扫二维码视频 10】
虾沟凼里小网箱养殖黄鳝技术要点

Chapter 8 第八章 农田稻蟹生态种养技术

一、蟹

农田里养殖的蟹称为河蟹，河蟹俗称螃蟹、毛蟹、大闸蟹、清水蟹、胜芳蟹，学名中华绒螯蟹。河蟹肉质鲜美，风味独特，在我国500多种淡水蟹中经济价值较高。河蟹在我国分布很广，北至辽宁，南至福建，沿海诸省通海河流中均有分布，尤其是在长江中下游湖泊、江河中大量分布。

二、生活习性

河蟹喜欢栖息在水质清新、水草丰富、底栖饵料丰富的淡水水域（江河、湖、沟渠、农田等），底栖穴居。河蟹一生经历五个生长阶段：

第一个生长阶段，卵：在母体腹部附肢上孵化。

第二个生长阶段，蚤状幼体：咸淡水中浮游生活。

第三个生长阶段，大眼幼体：能游、善爬、登陆，开始适应淡水生活。

第四个生长阶段，幼蟹（豆蟹、扣蟹）—成蟹：淡水水域中生活，底栖穴居，或隐匿石砺间和水草丛中。

第五个生长阶段，亲蟹：淡水进入河口的咸淡水中生活，繁殖后代。

河蟹适宜在微碱性环境中生活，pH为7.5～8.5，对水中溶氧要求在5毫克/升以上。

幼蟹可以在15～28℃的水温中生存，适宜温度为19～25℃，当水温降至4℃以下或超过36℃时，幼蟹容易死亡。

成蟹的生存温度为5～30℃，适宜生长的水温为22～28℃。

河蟹在冬季一般潜伏在洞穴中越冬，能耐－8℃的低温，但如果水温突然改变超3℃以上时容易死亡。夏季水温超过38℃河蟹不能正常活动，40℃以上河蟹容易死亡。

三、食性及摄食方式

河蟹为杂食性，偏爱动物性食物。喜食小动物如小鱼、虾、螺、蚌、蠕虫等，也摄食腐烂的动物尸体。天然水体中，以植物性食物为主。河蟹同类相残（对方蜕壳且新壳尚未硬化时）。

摄食方式为白天潜伏水底隐蔽物中或洞穴内，夜晚觅食，食物缺少时，在陆地进食，多将食物拖至水中或洞口旁再摄食。

河蟹食量很大，有贪食的习性，一夜可连续捕捉数只田螺；但也很耐饥饿，2～3 周不摄食也不至饿死，实际上除冬季潜伏穴底越冬外，其他时间蟹胃总是处于饱满和半饱满状态。

四、几个术语及定义

蚤状幼体：刚孵出的幼虫，外形略似水蚤，具趋光性和溯水性，依靠螯足的滑动和腹部的伸展来游泳（图 8-1）。食性较杂，捕食单细胞藻、轮虫、浮游甲壳类。

大眼幼体：又称蟹苗，由Ⅴ期蚤状幼体蜕皮变态而成，因其复眼大而黑，非常显眼，故名大眼幼体（图 8-2）。大眼幼体具有强趋光性和溯水性，对淡水敏感，后期有趋淡水性，已能适应在淡水中生活。杂食性，凶猛贪食。7 日龄大眼幼体规格为（16～18）$\times 10^4$ 只/千克。

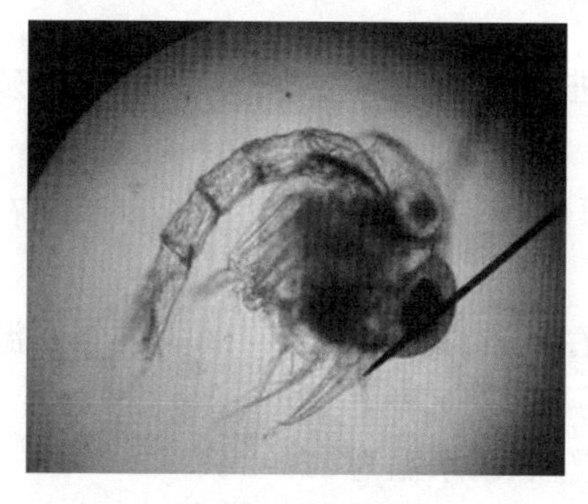
图 8-1　蚤状幼体

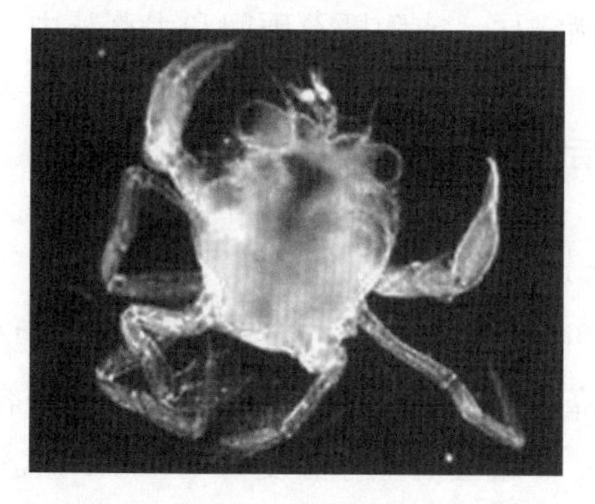
图 8-2　大眼幼体

仔蟹（豆蟹）：大眼幼体经一次蜕皮变成外形接近成蟹的Ⅰ期仔蟹；经 3 次蜕皮而成的仔蟹称为Ⅲ期仔蟹，经过 5 次蜕皮即成Ⅴ期仔蟹，营底栖生活，规格为 5 000～6 000 只/千克（图 8-3）。

扣蟹：将仔蟹经过 120～150 天饲养，培育成 100～200 只/千克的性腺未成熟的幼蟹（图 8-4）。

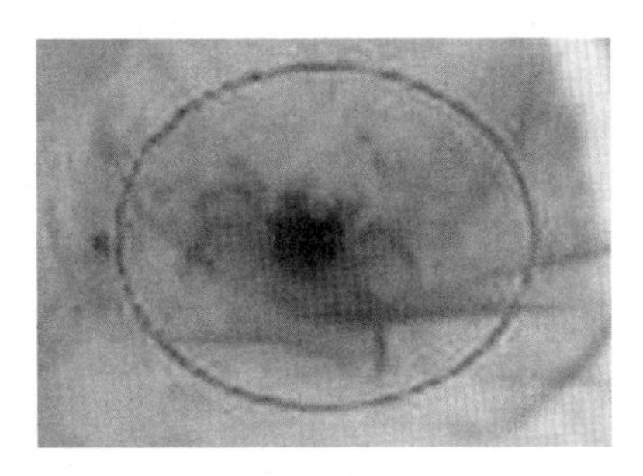

图 8-3 仔蟹（豆蟹）

图 8-4 扣蟹

五、河蟹蜕壳生长

河蟹的生长过程伴随着幼体蜕皮、仔幼蟹或成蟹蜕皮，幼体每蜕一次皮就变态一次，也就分为一期。从大眼幼体蜕皮变为第一期仔蟹始，以后每蜕皮一次，它的体长、体重均做一次飞跃式的增加，从每只大眼幼体6～7毫克的体重逐渐增至250克的大蟹，至少需要蜕壳12次，而每蜕一次壳都是在渡过一次生存大关。了解河蟹每次蜕壳的形态特征可以及时了解河蟹的生长发育阶段，以加强饲养管理的针对性，根据河蟹生长蜕壳次数，来确定投喂相应的配合饲料和调整技术管理措施。

六、如何挑选优质河蟹苗种

1. 蟹种质量是养蟹成败的关键

蟹种有天然苗和人工繁殖苗之分，还有长江水系、瓯江水系和辽河水系之别。目前最好的是天然的长江水系苗培育的蟹种，但数量极少，养殖生产中主要选择以长江水系亲蟹人工繁殖培育的蟹苗，选购时要注意识别，防止以假乱真、以次充好。最好自育蟹种或购买本地健康的蟹种，确保蟹种质量，避免长途调运外地来源不明的蟹种，坚决杜绝用从发病地区购买“带病”的蟹种养殖。同时，要鉴别性早熟蟹种，因性早熟蟹种的性腺已发育完全，放养后容易假交配，蜕壳困难，死亡率极高。性早熟的雌蟹圆形脐盖满腹部，脐四边长有许多边毛，颜色比较深黑；雄蟹三角形脐盖满腹部，步足刚毛长、粗、密。所选购的蟹种除要求品种纯正外，还要规格合适，肢体完整，爬行活跃，体质健康、无病无伤。

检查蟹苗质量：一是观察蟹苗的活动情况，看有无死苗和杂质，沥干水后能否较快并均匀地分布于所盛的容器中。二是抓一把蟹苗，轻握成团，松开手后，看能否很快散开，表现是否活力强。三是检查蟹苗数量，抽样测定，每千克蟹苗数量在 16 万只以内符合标准，数量过多即为比较差的苗，不能购买。

2. 不要放养性成熟蟹种

性成熟蟹种性腺发育已经成熟或接近成熟，生长季节不能正常蜕壳生长。冬春季节放养蟹种时，如果误将性成熟蟹种放养，养殖一段时间后这些蟹会在养殖期间大量死亡，造成较大损失。因此，在蟹种放养过程中，应注意鉴别，剔除性成熟蟹种。

性成熟蟹种可以通过以下几点加以鉴别：①雌蟹腹部形成团脐，雄蟹交接器变成坚硬的骨质化的管状体，表明蟹种已性成熟。②雄蟹螯足绒毛稠密且较长，颜色较深，表明性腺已成熟。③看河蟹头胸部的颜色和纹路。正常的蟹种头胸甲背部的颜色为淡黄色，而性成熟的蟹种背部为墨绿色或青色。正常的蟹种背部比较平坦，起伏不明显，而性成熟的蟹种背部凹凸不平。④打开蟹种的头胸甲，检查肝区，雌蟹有两条紫色条状物，且有卵粒，雄蟹有两条白色块状物（精巢），表明蟹种性腺已成熟。如果只有橘黄色的肝脏，表明性腺未成熟。

3. 选购蟹苗先要了解亲蟹规格、蟹苗的培育时间

从蚤状幼体Ⅰ期到蚤状幼体Ⅴ期应在 20 天左右，大眼幼体的淡化时间应不少于 5 天，总共培育时间达 25 天以上者为好。另外，要了解培育时的最高盐度、温度，出池时的最低盐度、温度，以便采取对策。如出池盐度为 6，苗买回后，在放入培育池前，应在前一天使用大盐，将其用热水溶化，把培育池盐度调到 3 左右，让其逐步淡化、自然适应，以便提高蟹苗培育的成活率。

七、如何培育“紫蟹”

在成蟹最后一次成熟蜕壳后，在强化营养时，在其饵料中添加花青素含量高的食物，如葡萄皮、葡萄籽、紫薯（人不食用的部分）、枸杞酒糟、胡萝卜、番茄等富含花青素的食物。紫蟹与普通蟹分别见图 8-5 和图 8-6。

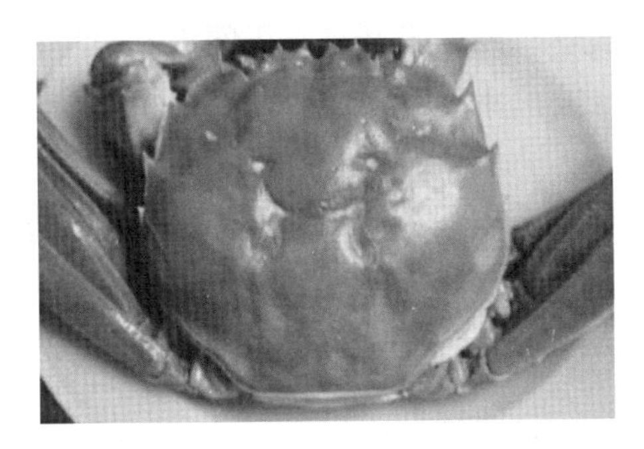

图 8-5 紫蟹

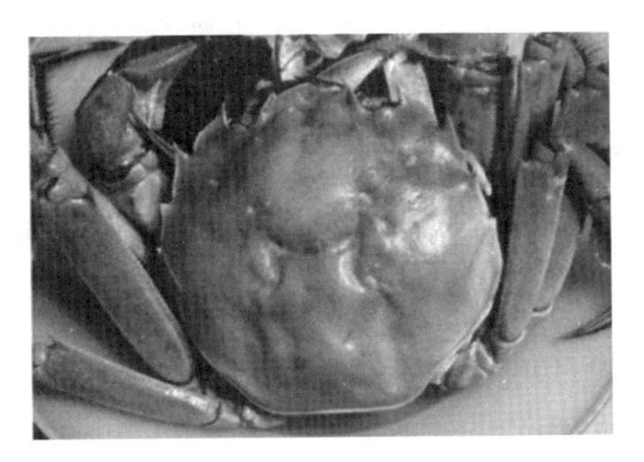

图 8-6 普通蟹

八、稻田选择、田间工程建设以及水草种植及螺蛳移植

目前，许多地方利用稻田养殖河蟹。稻田养蟹具有投资较少、管理方便、经济效益高的优点。稻田养蟹是近年发展起来的一种新兴水产养殖业。这种方式可以使稻田少施肥，节肥、增产、省工，而且不妨碍河蟹生长。

稻田养成蟹是从扣蟹养殖到商品蟹的过程，达到成蟹平均个体重 95 克/只以上，平均亩产蟹 40～50 千克、稻谷 600 千克左右，亩产效益达到 3 000 元以上。

（一）稻田选择

田块选择：水源充足、水质好、无污染。进排水方便，稻田的土最好是壤土，不渗水，保肥、保水条件好，堤埂加固夯实，埂高不低于 50 厘米，顶宽不少于 50 厘米。

面积：要求 5 亩以上，最佳面积 8～10 亩；若能集中连片最好，这样便于统一安排生产，节约成本，便于管理。

（二）田间工程建设

1. 田间工程

（1）环沟（围沟）。养蟹主要场所，在田周围离田埂 0.6 米处开挖一条环沟，环沟呈梯形，上开口 1.2 米，底宽 0.6 米，深 0.5 米，插秧前再清沟一次。

（2）田间沟。用于蟹爬进稻田觅食，每隔2米开一条田间沟，与环沟相通，沟宽0.3米、深0.3米左右，呈“十”字形，面积大的可以呈“井”字形和双“井”字形。

（3）蟹凼（暂养凼）。用于进苗时成蟹起捕前暂养。在高温季节和晒田时，为蟹提供栖息和避暑的场所。面积占稻田面积的10%。此坑在田角开挖，凼长10～15米、宽2～3米、深1米。

2. 防逃设施

为防止河蟹外逃，且阻止水蛇和鼠等进入稻田危害河蟹，采用钙塑板和塑料薄膜进行防逃和防敌害。

塑料薄膜防逃墙：造价低，一次性投资少，但易破损，使用时间短，3年左右更换，沿稻田四周铺设，一般采用双层，每隔1米左右用木桩支撑（图8-7）。

图8-7 稻蟹生态种养防逃设施

进排水系统防逃处理：养蟹的稻田最好单独建水渠，与其他农用田分开，进水口用聚乙烯网裹紧，以防小杂鱼进入与蟹争食或凶猛鱼类入侵。排水口与进水口设在对角线处，排水渠可利用原有的农田排水渠道，同样在排水口处用聚乙烯网裹紧，以防河蟹外逃。

（三）水草种植和管理及螺蛳移植

1. 水草种植

“蟹大小，看水草；蟹多少，看水草”，这句谚语形象地说明了水草在河蟹养殖中的重要性。田间养殖沟（环沟、田间沟、暂养池）必须水浅、草多、无敌害。暂养池加水后，用生石灰彻底清池消毒。在插秧前1～2个月，在暂养池中移栽水草，通常以栽种伊乐藻为佳，供蟹苗栖息、隐蔽、生长和蜕壳。

水草的栽培方法：采取茎栽插的方法栽培，一般在冬春季节进行。如冬季栽插须在虾蟹捕捞后，排干田水，让田间厢面、沟底经冰冻、日晒一段时间，再用生石灰等药物消毒后栽插；春季栽插应事先将蟹种用网圈养在一角，等水草长至15厘米以上时再撤去围网。栽插方法是：将水草截断成15厘米左右的茎，像插秧一样，一束束地插入蟹坑和田沟，株行距为25厘米×30厘米，栽插初期蟹坑保持30厘米的水位，待水草长满全坑后逐步加深田水。田间蟹坑水草面积保持1/2～2/3，以沉水性植物最好，如伊乐藻、轮叶黑藻、苦草等，以起到净化水质、稳定水质、吸收水中氨氮和为河蟹提供饵料、栖息、隐蔽场所的作用；此外，在稻田中还可增放一些绿萍、浮萍等。

（1）伊乐藻种植（图8-8）。一般在3—4月，要求种植水域水位40厘米，采用分段、无性扦插的方法，每亩（是指有效种植面积，下同）种草量5～10千克。伊乐藻冬季能越冬，水温5℃以上开始生长，4—6月为生长旺季，但伊乐藻根系不发达，水深易浮，高温季节水质不好时易腐烂，这就要求在生长旺季大量捞除，以防止水草太旺、水草过长而浮上水面。

（2）苦草种植（图8-9）。清明前后种植，5月为生长期，生长迅速，水深不易上浮，但该草缺点是易被河蟹夹断浮在水面，高温季节易腐烂，必须及时捞除，工作量很大，优点是河蟹喜食。

（3）轮叶黑藻种植（图8-10）。

1）种植时间：2月底至4月底。注：芽孢集中在2月底至3月初、芽苗集中在3月中旬至4月中旬。

2）播种数量：芽孢每亩2.5～7.5千克，芽苗每亩10～15千克。注：具体根据稻田环境而定，主要参考因素有两个，一是其他水草种植比例，二是养殖河蟹的投放密度。

3）种植方法：①穴播：穴播60～80厘米行距与株距，也可相隔80～100厘米距离条播或条插芽孢。②和泥巴播撒：将芽孢和稀泥均匀搅拌，等泥巴稍干，均匀播撒在种植区。

4）注意事项：①控制水深，促进分蘖。种植前期水位最好控制在20厘米左右，随着气温的升高轮叶黑藻会迅速生长，然后逐步加高水位。②田板最好围网。有条件的养殖户可以将苦草种植区域用围网围起来，6月待水草丰茂后，撤去围网，可避免水草出苗期被河蟹摄食掉。

5）目前种植出现的一些问题：①购买后种植后不发芽。一是轮叶黑藻芽孢、芽苗属于鲜活的嫩芽，运输时间不宜过长，气温不易过高。二是水位高，水体不理想，光合作用差。②不耐久，短时间被吃完。轮叶黑藻是螃蟹和龙虾最喜欢吃的一个草类单品，所以建议不要只种轮叶黑藻一种草类，可以将伊乐藻、苦草、轮叶黑藻穿插种。

水温10℃以上，芽孢萌发生长，4—8月为生长期，高温季节浮在水面不易腐烂，且河蟹喜食，营养价值较高。

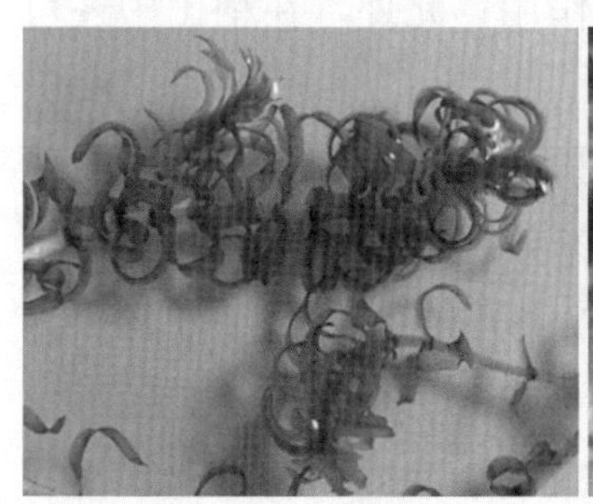
图8-8　伊乐藻

图8-9　苦草

图8-10　轮叶黑藻

2. 水草的管理

进入5月，气温迅速升高，各种水草进入快速生长期。伊乐藻、轮叶黑藻等水草开始疯长，草头易露出水面从而生虫，当水草面积达到水体面积的六成时（即水上水下森林形成），水体流动性差，易导致水体缺氧，水底环境逐步恶化，从而产生懒蟹（所谓懒蟹就是幼蟹养到年底，有些蟹个体极小，其头胸甲宽仅1～1.5厘米，体重1克左右。它们往往栖居在洞穴里，很少出来活动和觅食，体色深黑，甲壳硬，生长缓慢，因此称为懒蟹，又称“僵蟹”“石蟹”）。此时如果管理不善，对中后期河蟹的健康生长，甚至整体养殖效益都会造成严重影响，应做好以下预防管理工作：①二次蜕壳完成后及时快速提高水位，使伊乐藻等水草草头处于水表层

20 厘米以下，可有效控制水草向上生长及草虫的产生。②对紧贴于水表层的水草或已开花的伊乐藻建议及时割除草头 10～20 厘米后提高水位，并补充碳肥（光合作用大量需要碳，如六抗培藻膏）促进水草健康生长。水草过密时，建议及时拉出草洞和草路以有效促进水体的交换流动，防止懒蟹的产生。③定期少量多次使用叶面碳肥（藻类营养生长素配复合酸化剂混合发酵 24～48 小时），促进水草光合作用，可保持叶面洁净、不发黄、不生虫、有光泽。④定期酌情使用生根肥，防治草根发黄发黑腐烂，使根系发达，不腐烂，不漂浮。

3. 螺蛳移植

螺蛳能净化稻田底质，防止病原滋生，螺蛳还是河蟹喜食的活饵料，规格 4 克以上的河蟹即能觅食中等规格的活螺蛳。目前，养蟹田普遍缺乏螺蛳，必须人工移植。螺蛳的放养最好在其繁殖前（清明前）一次投足，亩放 300～400 千克，并适当投喂麦麸等饲料，促使其正常生长和繁殖，在养殖中后期要经常检查螺蛳存量，发现不足时要及时补充，保持蟹田的螺蛳存量不低于每亩 80 千克。

九、 蟹种

1. 把好质量关

宜选择长江的河蟹苗种。规格 160～200 只/千克，最好 100～160 只/千克，要当心小绿蟹、小老蟹（小老蟹就是已经成熟没有长大的“侏儒蟹”）。另外，蟹种要求规格整齐、体格健壮、无残缺和伤病。

2. 蟹种下田注意事项

4 月，在扣蟹长途运输到基地后，须先进行缓冲处理，方法是将蟹种先放到田间水中浸泡 2 分钟，然后离水 4 分钟，再放到田间水中浸泡 2 分钟，如此重复 2～3 次。然后进行消毒，再放入暂养池内进行暂养。具体消毒方法为：采用 5%的食盐水浸浴 5～10 分钟，或放入 20 毫克/升的高锰酸钾溶液中浸浴 15 分钟左右。

蟹种在稻田暂养池内暂养（暂养池蟹种投放密度不超过每亩 3 000 只），强化饲养管理，放养前先在暂养池中强化 7～10 天；待秧苗栽插成活后，再加深田水，让蟹进入稻田生长。

3. 暂养池中蟹苗喂养

暂养阶段的蟹苗体质弱、抵抗能力差，一定要及时投喂营养丰富、容易消化的饵料。如粗蛋白质为40%的配合颗粒饲料，要求饲料在水中的稳定性至少4小时，常规饲料如玉米、小麦等要煮熟后投喂，最后是投喂新鲜的野杂鱼，严禁投喂腐烂变质的臭鱼烂虾，以荤素搭配为好（一顿荤一顿素，利于河蟹都能吸收到丰富的营养），每天傍晚定点投喂，插秧后15天就可将蟹苗放入大田中。

4. 稻田蟹种放养

一般放养密度为亩投放140～160只/千克规格的扣蟹400～600只，亩产可达到40～50千克。

需要注意的是，蟹种放养前，彻底清除稻田里的青蛙、水蛇、黄鳝等。另外，放蟹前15天，每亩用生石灰100千克兑水全池泼洒，杀灭敌害和病菌，改善水质条件。放养时将蟹苗倒在田边防逃墙内任其自然爬进田间即可。

十、 水稻栽培

1. 水稻移栽

稻田养蟹的水稻栽培与常规水稻栽培相似，但在水稻品种选择上应选茎秆坚挺、耐肥力强、不易倒伏、病害少、穗大粒多、品质好的高产品种。采用大垄双行、边行加密技术。常规插秧30厘米一垄，两垄60厘米。大垄双行，两垄分别间隔20厘米和40厘米，两垄间隔也是60厘米，为弥补因河蟹环沟占地减少的垄数和穴数，在距边沟1.2米内，40厘米中间加1行，20厘米垄边行插双穴。

2. 水稻生长管理

施足基肥方可实现稻蟹双丰收。稻田应一次施足长效基肥。通常在稻田插秧前10～15天，进水泡田前每亩施130～150千克腐熟的农家肥和10千克的过磷酸钙作基肥。进水后整田耙地，将基肥翻压在田泥中，最后施在离地表面5～8厘米深的位置，以后追肥2～3次，追肥以尿素为主，每亩施尿素6千克左右。

因养蟹田土肥、水稻害虫减少、病不多，一般治虫施农药次数比未养蟹田少得多；如用药最好采用叶面喷施，选用高效低毒、低残留的农药，严禁使用有机磷农药、拟杀虫菊酯类农药。采用双季稻种养结合的，早稻带水收割或收后即刻灌水，一般不翻耕，晚稻采用直播或抛秧方式。施肥掌握少量多次，通常每亩每次施尿素 4～5 千克或复合肥 15 千克，先将降水位与河蟹换水结合，将肥料施在稻田中，然后再加水至正常深度。

十一、饲养管理

1. 饵料投喂

在养殖过程中，因稻田天然饵料不足，必须人工投喂饵料，科学投饵，坚持“五定”，即定季节、定时、定点、定质、定量。

定季节：采取“两头精、中间青”的方法，即 4—5 月河蟹放养不久，为提高体质主要投喂精饲料，并做到精、鲜、细。如投喂适口鱼粉团、轧碎的小麦、螺蛳、小鱼虾块等。9—10 月河蟹肥育期，也可以精饲料为主，提高成蟹的品质和越冬成活率。6—8 月是河蟹蜕壳的旺季，食量大，以青饲料为主，要求青饲料占 70%左右。除投喂南瓜、小麦、黄豆等植物性饵料外，后期还要有计划地投喂一些小鱼小虾、猪血、蚕蛹、螺蚬、蚌肉等动物性饵料，以满足河蟹生长的需要。

定时：河蟹的摄食强度随季节和水温的变化而变化，春夏两季水温在 15℃以上时，河蟹摄食能力增加，每天投喂一次。水温在 15℃以下时，河蟹活动、摄食少，可隔日或数日投喂一次。因为河蟹具有昼伏夜出的特点，投喂的时间应在傍晚。

定点：使河蟹养成定点吃食的习惯，既可节省饲料，也可观察河蟹吃食、活动等情况。一般每亩选择 5 个左右的投饵点。

定质：要坚持精、青、粗饲料合理搭配。精饲料为玉米、麦粒、豆粕和颗粒饲料。青饲料主要是河蟹喜食的水草、瓜类等。动物性饲料为小鱼虾、动物内脏下脚料。冰鲜的动物饲料必须煮熟。

定量：一般每天投喂 1～2 次，投喂动物性饵料占蟹体重的 3%～5%，植物性饵料占蟹体重的 5%～10%，每次投饵前要检查上次投饵的吃食情况，灵活掌握投喂量。

2. 水质管理

河蟹对水体溶氧要求较高，因而稻田要经常排注水，高温季节每天需换水，注水多选择在上午进行，中午最好不要突然注水，以免温差过大，造成河蟹不适死亡。河蟹蜕壳需要在水中进行，稻田要保持一定水位，绝不允许出现干涸。每隔 15 天泼洒生石灰溶液一次，既能防病又能保证水体富含丰富的钙质，并使水体维持 pH 7.2～8.0 的微碱性，这样的条件最适于河蟹生长。

3. 定期消毒、防治疾病

每隔 15 天，每亩用生石灰 15 千克兑成石灰乳，泼洒于稻田内的水沟消毒。定期用土霉素、复合维生素，每 100 千克饲料各添加 8 克，连喂 3～5 天。在河蟹蜕壳前在饲料中添加 2%的蜕壳素并投喂 2 天，发现少量河蟹发病时，用银翘板蓝根散强力杀虫剂消毒、预防和治疗。

十二、蟹的天敌和病害防治

1. 敌害防治技术

河蟹的天敌主要有鼠类、蛙类、鸟类、水生昆虫类等。其防治技术如下：

（1）用鼠药在蟹池四周定期放药灭鼠。

（2）在蟹池旁安放鼠笼、鼠夹、电猫等灭鼠工具灭鼠。

（3）在河蟹苗种放养前彻底清除蛙卵和蝌蚪，还可在蟹池四周设置防蛙网或墙，防止蛙类跳入池中，发现池中有青蛙时应及时捕杀。

（4）用草人惊吓水鸟或将软壳蟹移至隐蔽处，免受水鸟侵扰。

（5）彻底清池，杀灭水蜈蚣等水生昆虫，进水时用过滤网防止昆虫及其幼虫入池，一旦发现，立即用灯诱集，并用特制水捞网捕杀。

2. 疾病防治技术

（1）细菌病。常见的细菌性蟹病有甲壳溃疡病、水肿病和肠胃炎三种。前两种蟹病主要是由于河蟹在运输、放养及生长过程中遭受机械损伤感染细菌所致；肠胃炎是由于细菌感染的蟹体引起内脏受损，河蟹不吃食，体色淡白，胃肠无食并有较多的淡红色黏液。细菌性蟹病可采用池水消毒结合药饵投喂来治疗。水体消毒可用生石灰或漂白粉全池泼洒，剂量同日常管理（一般用生石灰 25 克/米^{3}或漂白粉 1 克/米^{3}化水后全田泼洒消毒水体，每月 1 次），或用 3%～5%的食盐水溶液洗浴病蟹，每次 3～5 分钟，连续消毒 1 周。药饵投喂是用占蟹体重 0.1%～0.2%的土霉素拌入饵料连续投喂 7 天，有较好疗效。

（2）水霉病。此病易发生在低温季节，是由于蟹体受机械损伤或病害破坏体表后感染水霉菌所致。防治方法：①避免蟹体受伤；②受伤的河蟹要用 5%的碘酒涂抹患处，或用 3%～5%的食盐水溶液浸洗 3～5 分钟。

（3）寄生虫病。

第一类是纤毛虫病。此类疾病是由于池塘水质过肥，加之长期不换水，水质老化，使原生动物大量繁殖，导致寄生虫寄生于蟹体。防治方法：①经常换水，保持水质清新；②用 0.3 克/米^{3}硫酸锌全池泼洒。

第二类是蟹奴病。病蟹腹部略显臃肿，揭开脐盖可见枣状乳白色半透明状虫体，其生长出根状物遍布蟹体外部，并蔓延到内部一些器官，以吸收河蟹体液为生，如大量寄生，则河蟹散发恶臭味不能食用。防治方法：①蟹奴幼体在水中营浮游生活，通过彻底清塘和定期消毒池水，杀死蟹奴幼体；②改良水质，池水盐度应在 1 以下，以防止蟹奴繁殖及幼体扩散感染；③发现病蟹立即取出，并用 0.7 克/米^{3}硫酸铜和硫酸亚铁合剂（比例为 5∶2）全池泼洒；④用 8 克/米^{3}硫酸铜溶液或用 30 克/米^{3}高锰酸钾溶液浸洗病蟹 15 分钟。

第三类是肺吸虫病。其病原是人畜寄生虫，淡水螺为第一宿主，河蟹是第二宿主。主要应做好预防，要防止新鲜粪便入池，消灭蟹田周围的淡水螺，病蟹治疗方法同蟹奴病。

对于细菌性疾病，可用漂白粉、生石灰等药物进行预防和治疗；对于寄生虫性疾病，常用药物有硫酸铜、硫酸亚铁、食盐等。另外地锦草、枫叶、大蒜、五倍子等中草药也是较好的防病治病药物。稻田蟹养殖应禁用晶体敌百虫类药物。

为防蟹病发生，要定期往水中投放消毒药物，每 30 天左右泼洒 1 次漂白粉，浓度为 1 克/米^3，或者泼洒硫酸铜液，浓度为 0.7 克/米^3。投放药物时一定要注意，不可同时使用两种药物。

十三、捕捞与暂养

1. 河蟹的捕捞

秋季是水稻收获和河蟹捕捞的季节，一般为9—10月，稻田养殖河蟹一般采取先捕蟹后收获水稻的方法，捕蟹方法如下：

（1）干田捕蟹。把稻田水抽干，使河蟹集中在水坑中捕捞，抽水时同时在出水口设置拦网，由于有水流时河蟹会自行上网，这时可在网上取蟹，也可在干田同时下田捡蟹。

（2）地笼网捕蟹。把地笼网放在沟中数小时后取捕一次即可，或在第一天晚上放置，第二天清晨便可取蟹。

（3）岸边捉蟹。9月中旬以后，每到夜晚，河蟹便由水中爬上岸边，此时可手拿电筒在稻田田埂边捡拾河蟹。

（4）灯光诱捕。由于河蟹具有趋光性，捕捞少量河蟹，可在稻田一角设置电灯。利用灯光诱集，待河蟹夜晚上岸活动、聚集在灯光下时再进行捕捞。如在灯下挖下数个小坑，坑中放入铁桶和网布，河蟹爬上灯光处而误入坑内，提起铁桶或网布，即可捕获河蟹。

2. 成蟹暂养

刚捕起的河蟹肌肉不充实、不饱满，水分较多，商品价值较低。经过短期暂养后，河蟹发育成熟，肌肉饱满充实，膏肥黄多，水分减少，商品价值大大提高。一般暂养到年底的商品蟹比10月上市的商品蟹商品价提高50％～80％。

暂养蟹应体质健壮，行动敏捷，两螯八足齐全，无伤无病，体重100克以上。大、中、小规格分开暂养。一般不暂养软壳蟹、伤残蟹，特别是步足爪尖破损的河蟹，这类河蟹暂养时极易感染细菌性疾病，必须事先剔除。

成蟹暂养可以采取室内池塘暂养和网箱暂养两种。池塘暂养，河蟹适宜密度为每亩250～300千克；网箱暂养，蟹箱每立方米可放5～10千克。暂养河蟹的食量不很大，投喂饲料应选择小杂鱼、螺蚌肉、饼类等。日常管理做到“四防”“四勤”，即防偷、防风、防逃、防敌害，勤检查蟹的活动情况、勤打扫食台上的残饵、勤检查防逃墙的完好程度或池的进出水口有无逃蟹的迹象、勤记录。

3. 优质商品蟹的挑选

阳澄湖大闸蟹、梁子湖大闸蟹的外形没有明显标准，与其他地区生产的河蟹形态上没有区别。上海海洋大学以阳澄湖大闸蟹为样板，制定了优质蟹的市场标准，共 7 个字，即“靓、绿、肥、大、腥、鲜、甜”的“七星级”优质蟹的标准。总的来讲，要求外形漂亮，体色呈“青背、白肚、金爪、黄毛”（图 8-11），符合以上要求的都是正宗的清水大闸蟹。河蟹后

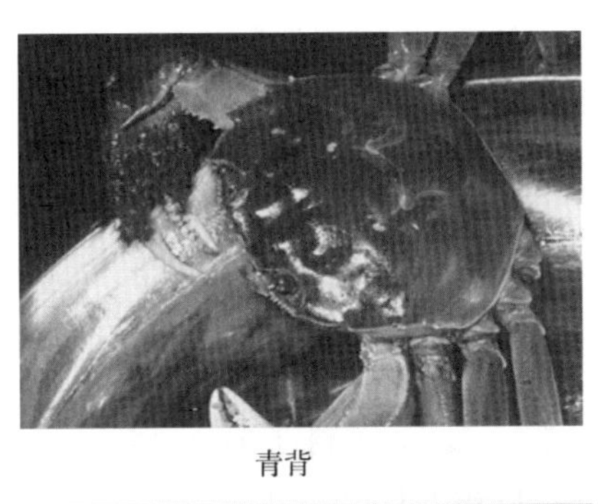

青背

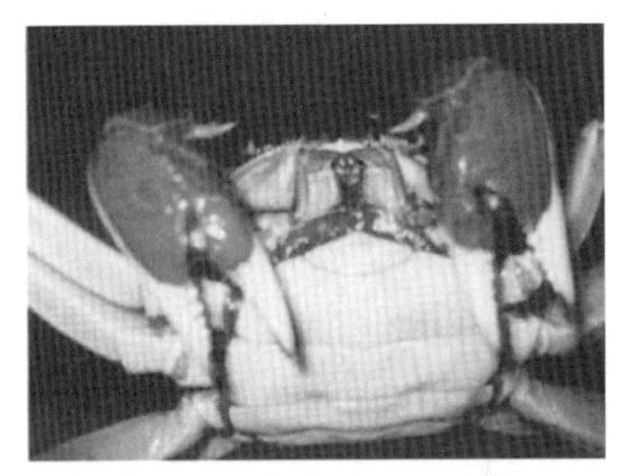

白肚

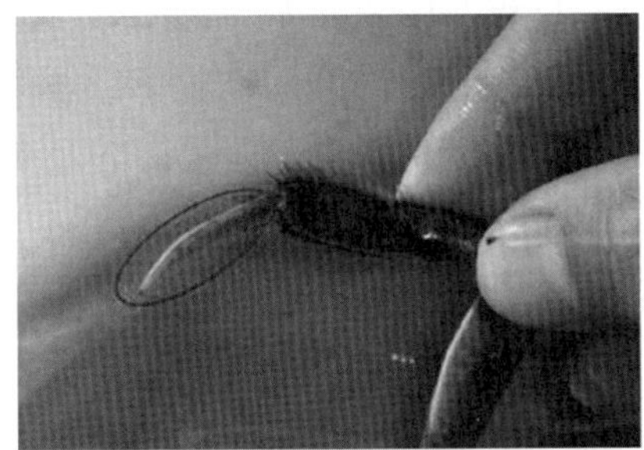

金爪

黄毛

“开后门”

图 8-11 优质商品蟹

腹部甲壳裂开俗称“开后门”（图 8-11）。后腹部“开门”宽度越大，说明肥满度越高，性腺发育好。

十四、关键问题

1. 关于“饵料鱼”的问题

目前不少养蟹单位采用冰鲜的饵料鱼来饲喂河蟹，它不仅破坏资源，而且存在如下一系列问题：

（1）饵料鱼质量没有保证，河蟹容易患病。

（2）饵料鱼价格高，按饵料系数计算，河蟹体重增长 1 千克需要 5～8 千克饵料鱼，饵料鱼成本为 8～15 元。

（3）不能进行标准化投饲，也不符合健康养殖要求。

（4）恶化养殖水质，危及养殖对象健康。

有人认为配合饲料成本高，其实不然。配合饲料平均 9 000 元/吨（9 元/千克），饵料系数 2.5，即河蟹增长 1 千克体重，只需要配合饲料 22.5 元。而饵料鱼平均 4 000 元/吨（4 元/千克），但饵料系数为 6，即河蟹增长 1 千克体重，需要饵料鱼 24 元。加上饵料鱼冷冻保存、劳动力、环境卫生、病害防治等，成本和风险远比配合饲料高。

2. 稻田养蟹存在四大误区

第一，养蟹稻田环沟越大越好。有的开挖沟面积达到整个稻田的 40%～50%。稻田养蟹环沟应根据养蟹需求结合田埂用土情况确定，一般环沟面积不应超过总面积的 10%。

第二，认为养蟹苗种越多越好。有的亩放蟹苗 2 500～3 000 只，以为苗数量多成活数量多，安全系数高。稻田养蟹苗种投放量应以 140～160 只/千克扣蟹 500 只左右为宜。否则不仅增加养殖成本，而且所产成蟹规格小，上市价格低。

第三，过多投喂精饲料。不少养殖户大量投喂小鱼、大豆、蚬肉、螺蛳等。但产量并未提高很多，效益也并不理想。究其原因，稻田养蟹饲料除了稻田自然饵料外，应根据不同季节、螃蟹各个生长期不同营养需求来确定。

第四，生产模式单一化。不少养殖户都只做稻田养成蟹，生产模式单一，蟹贱伤农。稻田养蟹可以做成蟹饲养，也可以做扣蟹培育，还可以发展稻田鱼蟹等多种养殖模式，这样做既避免投资风险，又能达到平衡水产品市场，确保养殖模式稳产高效。

Chapter 9

第九章 农田稻螺生态种养技术

一、种养过程

按时间先后：稻田选定；稻田改造；稻田消毒；前期施专用基肥；水稻种植；水稻苗返青；田螺苗消毒；投放田螺苗种，稻田水管理和水质控制；中期追肥施肥；田螺饲养，投饵；防逃防天敌；种螺培育及繁殖水稻病虫害防治；田螺病虫害和敌害防治；日常管理；田螺捕捞上市。

二、稻田选定

稻田选定：水源好，旱涝无影响，水质好，无污染，保水性好，光照好，土质肥沃，交通便利，稻田较集中成片，便于生产和管理。

一般可选择中、低产田进行稻田养殖螺，这样增产增收的效果会更加明显。

三、稻田改造

建沟凼：稻田留机械出入口，沿稻田四周开挖一条宽 1.5 米左右、深 40 厘米的环形围沟，若稻田面积比较大，挖几道竖沟，两侧与围沟相连，横沟标准与围沟一致，并将田埂加固加高至 50 厘米，夯打牢实，以防渗漏倒塌。螺凼为长方形，蓄水深 70 厘米左右，布置在围沟位置，根据田块的大小可设置相应个数，总面积占整个稻田面积不超过稻田面积的 1/10。在稻田的对角位置设进排水口，并在进排水口装上防逃设施。

变稻田为垄沟凼立体结构，沟凼内螺，垄上水稻，一头进水，一头出水。

具体见图 9-1 至图 9-4。

图 9-1 稻螺生态种养垄沟结构

图 9-2 稻螺生态种养稻螺共生

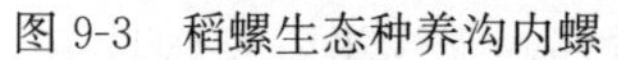

图 9-3　稻螺生态种养沟内螺

图 9-4　稻螺生态种养水稻成熟时

四、 稻田消毒

稻田消毒主要是为了预防田螺疾病的发生。在稻田改造工程实施后的沟凼及田面用生石灰消毒一次。生石灰用量：每亩 75 千克。注意：新开沟凼内无水，用生石灰兑水泼洒，一周后达到消毒效果。

五、 前期施肥

养殖田螺的稻田不用或少用化肥。为了保证水稻的生长需求，在稻田里施基肥，这样既利于水稻生长，又利于田螺的生长。稻田消毒以后，施足基肥。用量：每亩施有机肥 250 千克左右，磷肥 40 千克。

六、 水稻种植

包括水稻品种选定、移栽、返青。稻螺共生的水稻品种选择生育期长、分蘖力强、丰产性好、抗病抗虫、耐淹、叶片直立、耐肥抗倒、株型紧凑的品种，如农香 32、农香 42、深两优 5814 等。

移栽水稻秧苗 10 天左右，秧苗返青，就可以投放田螺苗。

七、 田螺苗种消毒

对要投放的田螺苗种进行消毒处理。用 3%的食盐水浸泡田螺苗种 5～10 分钟。

八、 田螺品种选择及投放

螺种选择：选个体大、体型好、生长速度快、肉质优的中华圆田螺最好。放养时间、规格和数量：水稻为单季稻，在栽插后秧苗返青放养，投放位置以螺沟凼为主。

放养幼螺，规格：约 5 克/只,5 000～8 000 只/亩,计重量为 25～40 千克。

避开炎热酷暑投入田螺苗。

九、 稻田水管理及水质控制

稻田养殖田螺，水管理及水质控制非常重要。田螺与鱼类以及其他贝类一样，不能直接呼吸空气中的氧气，而是靠鳃呼吸水中的溶解氧气，并且耗氧量较大，当水中的溶氧在 3.5 毫克/升时，就会严重影响其摄食，低于 1.5 毫升/升或水温超过 40℃时，田螺就会窒息死亡。所以养殖田螺的水质要溶氧充足。

田螺生长繁殖时节，要经常注入新水、调节水质，特别是夏季水温升高，采取微流水养殖效果最好。保证水体溶氧较高，保证流水，一侧进水，另一侧排水。平常稻田水深保持 30 厘米左右，如需短时间干水晒田促进水稻分蘖，可以缓慢地排水，将田螺引入沟凼中饲养。春秋季节则以半流水式养殖为好，冬眠期可每周换水 1～2 次。冬季田螺钻入泥土中，水深 10～20 厘米即可。

十、 中期追肥施肥

养殖田螺稻田由于常投饵施肥，加之田螺的排泄物堆积，土质肥沃，基本能满足水稻生长发育所需要的养分，一般不需为水稻另施肥。确需施肥，可以主要施有机肥，巧施化肥，如用尿素控制在每亩 10 千克以下，过磷酸钙每亩 15 千克以下，做到量少次多，严禁用碳酸氢铵。高温天气避免施肥，也不宜大量施有机肥，以免污染水质，影响田螺生长。

十一、 田螺饲养及投喂

田螺属杂食性动物，饵料有天然饵料和人工饲料两类。天然饵料主要为水中的底栖动物、昆虫、有机物或水生植物的幼嫩茎叶等。但在高密度养殖条件下，天然饵料不能满足田螺的生长需要，必须适时补充投放人工饲料。可以施一定的粪肥，以培水质，提供足够的活饵料，主要指浮游生物；同时，投喂一定数量的饼粕类、糠麸类、瓜果蔬菜、鱼虾及动物废弃物等人工饲料。

投喂：每次投喂量为田螺总重量的1%～3%，每2天投喂一次，蔬菜瓜果、鱼虾或动物内脏等投喂前要剁碎，再用麸皮、米糠、豆饼等饲料拌匀后投喂，饼粕类固体饲料要先用水浸泡变软，以便田螺能舐食。田螺喜夜间活动，晚上摄食旺盛，投饲应在傍晚，每次投喂的位置不宜重叠。田螺的适宜生长温度为15～30℃，最适宜温度是20～28℃，除冬眠期外，其他时间都应投饵，但投喂量可根据水质、水温及田螺的摄食情况灵活掌握，当水温低于15℃或高于30℃时不需要投饵。

十二、防逃防天敌

田螺有逆流的习性，常群集于进水口或滴水处，溯水流而逃往他处，或顺水辗转逃逸，有时甚至于小孔内拥群聚集，以逐渐扩大孔洞，再顺水流溜走。因此，要坚持早巡田，查补堵漏，特别要注意进、出水口处的防逃网栅，发现孔隙，要及时修补，严防田螺逃跑。

田螺的敌害生物主要有鸭、水鸟、鼠，尤其是要防止鸭进入稻田中。另外，养殖田螺的稻田不宜放养青鱼、鲤鱼、罗非鱼、鲫鱼等鱼类，它们会摄食田螺。

十三、种螺培育及繁殖

种螺应选择适宜的雌雄比例（1∶1），雌螺个体大且圆，头部左右两触角大小相同且向前方伸展；雄螺个体小而长，头部右触角较左触角粗而短，末端向右内方向弯曲，其弯曲部即为生殖器。繁殖亲螺的选择标准是：螺色清淡、壳薄、体圆、个大、螺壳无破损、介壳口圆、厣盖完整。

每年4月、5月、10月为田螺的生殖季节，一般情况下田螺每胎可产仔螺20～30个，多者达50个左右，一个螺一个生殖季节可产150个以上，产后经2～3周，仔螺重达0.025克，此时可以开始摄食，一般经过一年的饲养达到性成熟，可以繁殖。

十四、 水稻病虫害防治

养殖田螺的稻田由于生物防治和生态的作用，水稻一般很少发病和有虫害，水稻一般无需用药。如确需用药，应选用多菌灵、井冈霉素等高效低毒农药。施药时最好采用微雾施用，尽量将药物喷洒在水稻茎叶上，避免农药落入水中。同时，可暂时加深水层，以稀释落入水中药物的浓度，减轻对田螺的影响。

生态生产模式中，防治稻瘟病和纹枯病，采用 300～500 倍米醋、百草液和木醋液混合液防治；防治螟虫和飞虱，采用 150～200 倍米醋、百草液、大蒜素、烧酒和木醋液混合液防治。

十五、 田螺病害预防

稻田养殖中，田螺除缺钙软厣、螺壳生长不良和受蚂蟥危害外，一般无其他疾病。经常向稻田中泼洒生石灰可以消除缺钙症；发现蚂蟥，则用浸过猪血的草或水稻秸秆，置入稻田里诱捕，清除蚂蟥。

十六、 日常管理

加强日常管理，早晚巡田各一次。天气变化剧烈时，要勤检查进出水口的栅栏、密网，及时发现问题，防止田螺逃逸、防晒和预防疾病。

稻田养殖螺不施农药，不用除草剂。严禁被农药、化肥污染的水源流入稻田。需要细心观察水质，一旦发现水质有污染应立即排除，重新注入新水。

保证沟凼里饵料丰富，螺属杂食性动物，采食植物性饵料、腐殖质、动物性饵料等，保证有足够的食物。

十七、 起捕上市

起捕时，采取捕大留小的办法，将大的达到上市规格的田螺捕捞上市，小的继续饲养。一般可带水捕捉，也可以诱饵或流水诱其群集而行，然后用抄网捕。同时，注意留足翌年养殖需要的螺种，以备翌年繁殖仔螺。

Chapter 10

第十章 农田稻丁桂鱼生态种养技术

一、丁桂鱼及其特点

（一）丁桂鱼

丁桂鱼又称金鲑鱼、丁鲑鱼、丁鱼岁、须鱼岁、岁鱼、须桂鱼、丁穗鱼，隶属于鲤形目、鲤科、雅罗鱼亚科、丁鱥属。丁桂鱼有绿、黄、蓝、白四种表现色。体形略呈圆筒形，须一对，体侧扁，眼睛小，身体被极端细小而致密的鳞片，侧线上部颜色较深、下部较浅，腹部略黄带白色，吻部有一对极短的唇须，鳍条无硬刺，胸、腹鳍呈扇形，尾鳍平截或微凹。鲜活时体呈麦黄色，死后很快变为灰黑色，腹部灰白，各鳍灰黑。由于捕起后体色很快变为黑色，故有“黑鱼”之称。

养殖最普遍的是绿丁桂和黄丁桂。黄丁桂又名皇贵、皇桂等，黄丁桂鱼形态优美，具有一定的观赏价值。

丁桂鱼原产于欧洲，是欧洲各国的主要淡水养殖经济鱼之一，又是重要的游钓鱼、观赏鱼，在欧洲有皇家宠鱼之称。我国丁桂鱼是从捷克引进来的一种具有良好养殖优势的名贵新品种。2002年其被确定为“全国重点引进新品种”。经饲养实践证明，在饲养过程中，丁桂鱼这一品种在存活、生长、饲料转化、抗病、抗寒、起捕、市场需求、经济价值等诸多方面都具有良好的养殖优势。

丁桂鱼耐粗养，耐寒、抗病力强、便于长途运输，市场接受程度较高。该鱼肉质非常鲜美，其不饱和脂肪酸含量比其他淡水鱼类高出3～4倍。该鱼为底栖鱼类，食性杂，以植物残渣及水生昆虫为食。可摄食配合饲料，对水中溶解氧变化的适应力强。冬季耐低温能力强，能钻入泥内越冬。丁桂鱼具有生长较快（放养尾重100克鱼种当年可达500克左右）、产量高等优良特点。适合于在稻田、淡水池塘、网箱和集约化水体养殖（图10-1）。

（二）特点

1. 品质好、营养成分含量高

在营养价值上，丁桂鱼肉质细嫩、无肌间刺、肉味鲜美，尤以富含脑

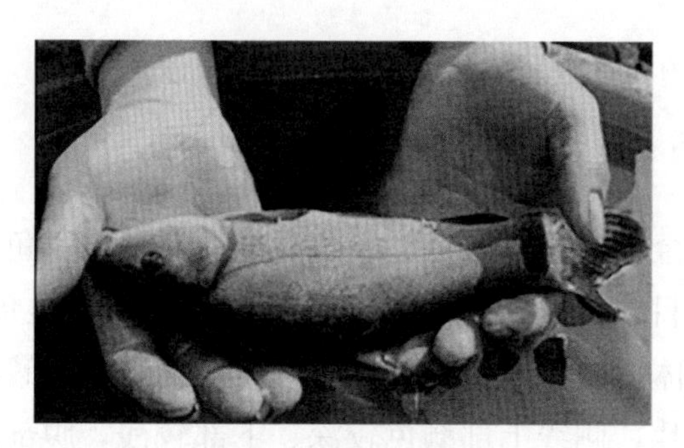

图 10-1　稻田丁桂鱼

黄金，被誉为绿色保健食品畅销欧洲，是鱼中食用佳肴。含肉率高达 72.4%，高于鲤鱼（66.5%）和鲫鱼（63.63%）；肌肉中蛋白质含量为 18.85%，明显高于我国主要的淡水鱼中的青鱼、草鱼、花鲢、鲫鱼、河鲶和黄颡鱼及引进的斑点叉尾鮰和革胡子鲶，也高于猪肉（9.5%）、羊肉（11.1%）、鸭肉（16.5%）、鸡蛋（14.7%）；脂肪含量 1.73%，脂肪含量低于青鱼和斑点叉尾鮰，高于草鱼、花鲢、鲫鱼、河鲶和黄颡鱼；氨基酸含量为 18.30%，比鳜鱼（16.66%）还高，二十二碳六烯酸（DHA）含量高。所以丁桂鱼是一种高蛋白质低脂肪、营养丰富、味道鲜美的优质食用鱼类。尤其是该鱼厚硕的鱼皮有独特的味道，真可谓“食皮时已过，齿含残留香”的感觉。

2. 市场广阔

国内产地商品鱼市场价格在 40 元/千克以上，目前商品鱼的上市规格为 200～400 克，丁桂鱼养殖两年可达到上市规格，是替代鲤鱼、鲫鱼较为理想的品种。该鱼的大规模驯化和人工繁殖近些年才开始，供不应求。农田稻丁桂鱼生态种养模式非常好，养殖出来的丁桂鱼市场更好更广阔。

3. 食性

丁桂鱼摄食较慢，不善跳跃，吃食安静，不丢食，生长较快，易驯化。丁桂鱼的食物种类很多，它的食谱几乎涵盖了池塘、稻田等水域中所有能得到的食物种类。喜食水中浮游动物、底栖动物和植物碎屑，以腐败植物残渣及水生昆虫幼虫为食；它的食物组成依赖于食物的供给、不同混养品种之间的竞争情况及养殖密度；它与鲤鱼之间的食物相似性达 90%，丁桂鱼和鲢鳙之间的食物有一定的竞争，和草鱼的食物竞争很小。

4. 生长和繁殖特点

丁桂鱼为底层鱼类，食性杂、食谱广，生活条件要求不高。

野生状态下生长速度较慢，2 龄鱼体重 180 克，3 龄鱼体重约 300 克，在天然水域中，丁桂鱼常见的个体体重 0.5 千克左右，有的可达 3～4 千克。

在人工养殖条件下，生长速度较快，要把握适宜的放养密度，合理施肥投饵及细心管理稻田或池塘。在华中地区，丁桂当年幼鱼可达 60～120g，第二年可达 300～600 克商品鱼的上市规格。丁桂鱼的生长速度，雌鱼快于雄鱼，2～3 龄的雌鱼增重率为 100%，雄鱼则为 54%。当然丁桂鱼的生长还受许多因素的影响，如营养、水温、溶氧等。丁桂鱼为杂食性鱼类，仔、幼鱼期的饵料蛋白质含量 38%～40%，成鱼养殖期饵料蛋白质含量保持在 36%以上为佳。如果饲养丁桂鱼的饵料蛋白质含量在 36%以上，体长 3～4 厘米的丁桂鱼鱼种饲养至当年秋冬，尾重可达300～400 克。在稻田或池塘养殖中，丁桂鱼完全可以替代鲤、鲫鱼。稻田或池塘养殖搭配比例与鲤、鲫鱼相同。养殖丁桂鱼的稻田或池塘尽量与鲤、鲫鱼分开，因丁桂鱼的抢食能力、游速远比鲤鱼差，同鲤鱼养殖在同一稻田或池塘里，丁桂鱼很难达到预期的起捕规格。

丁桂鱼在稻田中非常容易产卵。丁桂鱼的自然产卵繁殖可以概括为“春放秋收”，即春天在长满水草的稻田的沟凼中引入适当的亲鱼，在秋天再放水收获丁桂鱼鱼苗。稻田种养结合一般是“冬春放秋收”，以秋片或冬片鱼种放入稻田中养殖更好。应当注意的是早放鱼种是获得成鱼高产的有效措施之一。在南方地区选择秋末冬初，水温下降到 10℃左右进行，该鱼为自然条件下易捕捞鱼种，较低温度能使鱼种活动减弱，能有效地避免因拉网、运输等操作造成的机械损伤，此时，丁桂鱼种并没有完全停食，下田后可以在短时间内投喂些精饲料，有利于鱼种恢复体质，健康越冬。早放鱼种实际上是利用季节差，把鱼种的适应过程安排在非生长季节，翌年春季到来后，随着水温的逐渐升高，鱼类早开食、早生长，可明显地缩短养殖周期。

5. 生活习性

丁桂鱼为底层、广温性的底栖鱼类，喜欢栖息于水草茂盛的水域，喜弱光集群活动，性情温驯。丁桂鱼食性广，摄食速度较慢，易驯化。为杂食性鱼类，多于夜间觅食，以连根拔起的方法食用水底的藻类和无脊椎动物。喜食水中浮游动物、底栖动物和植物碎屑，以腐败植物残渣及水生昆虫幼虫为食，对豆饼、鱼粉、菜籽粕等人工饲料亦喜食。丁桂鱼和鲢鳙之间的食物竞争很激烈，和草鱼的矛盾较少。浮游动物是1龄丁桂鱼的最重要食物种类，其中小型枝角类占主导地位。体长5厘米以上时，丁桂鱼主要摄食桡足类、轮虫、底栖动物如摇蚊幼虫、水中软体动物等。随着体长的增加，人工配合饲料在丁桂鱼食物中的比例会不断增加。浮游动物和底栖动物是2龄丁桂鱼的主要食物，人工养殖可投喂各种配合饲料。而3龄丁桂鱼偏爱颗粒食物。喜栖息于水草多的淤泥底质的静水处，对水中含氧量变化适应能力强，喜欢在水草中栖息、躲避、摄食，喜欢在氧充足的稻田、鱼塘、山塘、水库、江河、湖泊等水域中生活。皮肤具有呼吸功能，耐寒能力较强，常夜间活动，冬季在北方能钻入泥底越冬，可将身体埋于泥中呈休眠状态。

二、养殖环境条件

（1）水质清新，水源充足，水体透明度在25～35厘米。

（2）生存温度0～40℃，其适宜的生长温度为20～30℃。

（3）水体pH要求：它是一种喜欢中性水质的鱼类，在pH为7左右的水体中存活率和生长速度都是最好的；其适应pH范围为6.0～9.5。

（4）丁桂鱼较耐低氧，假设鲤鱼的溶氧需求量系数为1时，丁桂鱼溶氧需求量的相对值仅为0.83。在低温条件下，5厘米以上的丁桂鱼能在溶氧接近1毫克/升的水体中存活一段时间。当然要满足丁桂鱼正常生长所需，养殖水体溶氧应维持在3毫克/升以上。

丁桂鱼虽然具有抗逆性强的优势，但水质条件太差，包括pH、溶氧量、氨氮含量指标欠佳都将影响其生长速度。

丁桂鱼养殖方法同四大家鱼的底层鱼相似。但其养殖密度较高，最佳生长温度22～28℃，当年6月放养规格5～10厘米的种苗，年底可长到200～400克，第二年可长到1 000～1 500克。丁桂鱼引进后经试养，发现其在我国各地均可养殖，容易推广，是调整品种结构的一个新品种。主养丁桂鱼的池塘以水面3～5亩、水深1.5～1.8米为宜。池塘的水过深不利于其生长；水源方便，要求无工农业、生活废水的污染。另外，最好配备一台自动投饵机和一台功率3千瓦的增氧机；淤泥深最好不要超过20厘米，丁桂鱼喜在泥层中掘食，过深的淤泥容易造成水质混浊和丁桂鱼发病。稻田养殖丁桂鱼，鱼凼和养殖围沟的深度分别应达到1.0米和0.8米；稻田养殖面积较大的，可以在养殖围沟四边或鱼凼中配置一台微孔增氧机。

三、 繁殖与鱼种培育

丁桂鱼雄鱼较雌鱼性成熟早。繁殖期为5—7月，产卵水温为18～28℃（繁殖水温为18℃以上），分批产卵。为一年多次产卵类型，怀卵量为每千克14万～30万粒卵，卵小，为沉性卵，具有一定的黏性，附于水草上。鱼种培育：丁桂鱼的鱼苗培育可采用水泥池培育、育苗器培育、网箱培育及池塘培育等。稻田养殖主要是放养夏花以上的鱼种来培育商品鱼。丁桂鱼食料广泛，要求条件低，在天然水域能自繁自育，是水库、池塘、稻田理想的增养殖对象。

1. 繁殖

在我国华中地区，丁桂鱼雄鱼1～2年性成熟，而雌鱼性成熟年龄为2～3年，依水温及养殖情况而异。

雌性鉴别：丁桂鱼的性别可以通过腹鳍来鉴别，一般雌鱼的腹鳍为软鳍，稍小，末端稍尖，长度未到肛门，在生殖季节，雌鱼的腹部明显膨大，光滑而富有弹性。而正常雄鱼的腹鳍比雌鱼的稍大，要长，呈半圆形，达到甚至覆盖住肛门。在繁殖季节，雌性丁桂鱼生殖孔外突，呈桃红色。

亲鱼培育：每年4月下旬从越冬池内将丁桂鱼的越冬种鱼捕出，雌雄分塘进行亲鱼培育。亲鱼培育期间，投以自制饵料，蛋白质含量为40%，日投饵率为8%，每日两次，第一次在9:00时，第二次在17:00时。进入繁殖季节后，视吃食情况，逐渐降低投饵率。

人工催产：在催产池内，通过注射促黄体素释放激素类似物（LRH-A），雌鱼用量为每千克体重20微克，雄鱼用量减半。水温24℃，经16

小时后，出现发情行为，即将雌、雄鱼捕出，进行人工授精。催情过后，精子和卵子在体内发育成熟，此时用人工方法，在盆中挤出精子和卵子，并人工搅拌，充分受精后（约 10 分钟），再转入孵化池，保证孵化池水体的溶氧和温度。

人工孵化：丁桂鱼卵为黏性卵，经脱黏后（用羽毛将黏在一起的卵拨开），置于孵化桶中进行孵化。水温 21℃，孵化 52 小时后出膜。出膜后的第 5～7 天，出现“腰点”，此后，即可“下塘”进入夏花培育阶段。人工催产的催产率 80%～90%，受精率 90%，孵化率 60%～80%。

丁桂鱼为多次性产卵鱼类，在一个生殖季节通常每尾雌鱼可产卵 3～4 次，在水温适宜的条件下，甚至可以达到 5～8 次，两批产卵之间的间隔为 15～22 天。在我国华中地区，产卵活动从每年的 4 月底开始可一直持续到 9 月。体重大于 1 千克的雌鱼的相对怀卵量通常为 20 万～40 万粒/千克，而体重低于 0.5 千克的雌鱼的相对怀卵量不会超过 20 万粒/千克。丁桂鱼产沉性卵，卵为黏性卵，因而其产卵需要一定的附着物（稻田沟中栽植浮水植物）。自然状态下，丁桂鱼所产出卵的受精率和孵化率极低。通过注射适宜的催产剂，可诱导丁桂鱼集中产卵，通过人工催产及人工孵化，可大大提高丁桂鱼卵的出苗率。

2. 鱼种培育

（1）养殖面积以 2～5 亩为宜，池塘深 1.5 米左右，蓄水保持在 1.2 米左右，池塘四周浅水区有一定的水草为好，水草有利于遮阳和鱼卵的附着。

（2）每亩可放 2～3 厘米的鱼苗 3 000～5 000 尾，经 3 个月的培育可获得全长为 12～16 厘米的大规格鱼种。

（3）放养前施一次基肥，可施腐熟的堆肥或其他基肥，用量为每亩 150～300 千克，放养后每 4～5 天施无机肥一次，每亩用量 30 千克。

（4）投饵育种：下苗后，每天投喂一到两次豆渣或人工配合饲料，投饲量约占鱼体量的 5%，饵料投放在池塘的浅水处，并根据具体情况而定。

（5）定期施肥，保证充足的活饵供应；适时加注新水，定期施用光合细菌，改善水质。

(6) 在高温期每半月每亩用25千克生石灰化浆全池泼洒一次。

四、成鱼养殖

丁桂鱼可以稻田主养，也可以混养。成鱼养殖：大面积稻田主养成鱼达到每亩200千克以上，大面积稻田混养成鱼达到每亩150千克。

1. 成鱼主养方式

成鱼主养方式有两种：以施肥为主的主养方式，总体原则“匀、足、好”；以投饲为主的主养方式，投喂以人工配合饲料为主，蛋白质含量在25%～35%即可，投饲采用“五定”原则，即定质、定量、定时、定位、定人原则。主养每亩放养10～15厘米的大规格鱼种800～1 200尾，经12个月投饲和施肥，亩产可达到200千克左右。混养每亩放养10～15厘米的大规格鱼种400～500尾，经一年的饲养，亩产可达到120千克。

2. 成鱼混养方式

成鱼混养方式有三种：一是以丁桂鱼为主的稻田套养鲢、鳙；二是以丁桂鱼为主的稻田套养草鱼；三是以丁桂鱼为主，套养草鱼、甲鱼。

(1) 放养规格为10～15厘米的丁桂鱼，每亩放养400～600尾，适当搭配少量的花白鲢鱼种，每亩可放同规格的花白鲢100～150尾（丁桂鱼为底层鱼、花白鲢为上层鱼）。

(2) 放养规格为10～15厘米的丁桂鱼，每亩放养400～600尾，适当搭配草鱼鱼种，每亩可放0.5～1千克体重的草鱼40～50尾。放养规格为4厘米的丁桂鱼，每亩放养3 000尾左右，搭配同规格的草鱼鱼种约100尾。

(3) 稻田放养10～15厘米的丁桂鱼，每亩放养400～600尾，同时搭配0.5千克体重的草鱼约30尾、0.25千克体重的甲鱼10只。平时根据鱼体的生长，结合调节水质，适当增加水量，10～15天注水一次。饲养期间要定期进行消毒，防止鱼病暴发，常用的药物有生石灰、漂白粉等。

以上主养或混养方式，养殖期间主要采用人工投饲的方式进行喂养。

投放8厘米以上已驯化转食颗粒饲料的鱼苗可不用施肥，可直接投料。经过两年的主养与混养结合，最大个体重达0.7千克。丁桂鱼喜欢在水草丛中栖息、避光、摄食、产卵。不论是主养还是混养，应尽可能在鱼池中保留一些水草。主养稻田周边水面的水草不要割掉，如稻田鱼凼或养殖围沟中没有水草，可人工种植一些水葫芦、水花生等。

五、鱼病防治

丁桂鱼体表黏液丰富，为其抵抗疾病起到了很好的作用，但由于其鳞片细小，也会感染一些常见的寄生虫。浅的水体和高 pH 条件容易导致丁桂鱼鳃和皮肤的损伤，增加寄生虫的易感性。丁桂鱼病重在预防，合理的水质调控、定期的药物预防都是必需的，另外在长途运输过程中，要避免外源病虫害的引入。常见的病害如烂鳃病、水霉病、腐皮病、寄生虫等，均可采用四大家鱼的病害防治方法，有很好的疗效。丁桂鱼的鱼病防治主要以预防为主，在整个养殖期间鱼病较少。预防方法：①合理控制放养密度。②定期消毒水体，防治细菌性鱼病。每亩用生石灰 20～30 千克，或用 10%聚维酮碘溶液泼洒，或漂白粉 250 克。③防治寄生虫病。用硫酸铜、硫酸亚铁合剂，用量分别为每亩 110 克硫酸铜＋45 克硫酸亚铁。④饲料拌药或中草药。平常可以投喂一些药饵或在饲料中拌入中草药预防病害。

六、丁桂鱼养殖中应注意的几个问题

1. 亲本的选育问题

丁桂鱼养殖时个体大小参差不齐，与丁桂鱼繁殖时亲本的选育有较大关系。丁桂鱼在我国大部分地区 2 龄性成熟，但由于受养殖条件限制，有些成熟个体仅重 100 克左右，这样的个体当然不宜选作亲本。有些养殖户盲目追求苗种数量，不注意亲本质量的选择，势必影响丁桂鱼苗种的质量。一般认为，作为繁殖用的丁桂鱼亲本雌鱼体重应在 1 000 克以上，而雄鱼体重也应在 500 克以上。另外，不同品系的丁桂鱼生长速度也存在较大差异。据养殖观察，从捷克引进的丁桂鱼品系比从其他国家引进的丁桂鱼品系生长速度快 30%以上。选择适应养殖地气候的丁桂鱼品系也是在亲本选育过程中应该考虑的。

2. 水花培育

水花培育阶段是提高丁桂鱼幼苗养殖成活率的关键。此时的鱼苗处在内源性营养向外源性营养转化的过渡时期，自由游动的能力较弱，人工放置的鱼巢最好保留 2～3 天再提出。每天投喂适量的蛋黄、豆浆和细嫩的浮游动物、丰年虫等，也可投喂微粒径的虾片饲料。放养密度为 250～300 尾/米^3。经 15～20 天的精心饲养，鱼苗生长至体长 2 厘米左右时可以转入鱼种培育池培育。

3. 苗种培育问题

丁桂鱼苗种培育阶段成活率不稳定，与其幼苗的规格及饲养管理有关。丁桂鱼卵直径在常见鲤科鱼类中是最小的，刚孵出的鱼苗身体幼小纤弱，摄食能力低，饵料范围窄，且易受外界环境条件变化的影响，对敌害和病原体的抵抗力低，在管理不当的情况下，鱼苗培育的早期死亡率高。这就要求在丁桂鱼苗种培育阶段，给予精心细致的饲养管理。稻田或池塘中有丰富的天然饵料，营养全面，更符合丁桂鱼苗的营养需要。研究表明，枝角类是丁桂鱼幼苗阶段较好的饵料之一。丁桂鱼鱼苗投放稻田沟凼前和培育过程中的水质培育是关系到幼苗成活率的关键。丁桂鱼是避光性的鱼类，它不喜欢强烈的光线，稻田水浅和强烈的光线照耀会导致丁桂幼鱼的大量死亡，因此，丁桂鱼苗种培育应配备有专用的池塘，养殖池四周应有适当的遮阳植物，池水也不能像传统的培苗池那样过浅，育苗水泥池和孵化池应搭盖部分遮阳布。最好是能够利用养殖稻田周边的天然池塘进行接力繁殖。鱼苗下塘前 7～10 天，采用常规的清塘、消毒、肥水的方法，试水确认毒性消失后即可放苗。规格为体长 2～3 厘米的鱼苗放养密度为每亩 8 000～12 000 尾。鱼苗下塘时用浓度为 3%～4%的生理盐水浸浴鱼苗 5～8 分钟。值得提醒的是，早期苗种的培育，池塘水不宜太深，水深保持在 40～50 厘米为宜。因为丁桂鱼稚鱼阶段有很强的底栖习性，喜欢在浅水的地方觅食。

4. 鱼苗饲养

为了让鱼苗下田或塘后能获得量多质好的适口天然食料，加快成长，提高成活率，必须在放养前就要施放基肥，也就是肥水下塘。初下塘鱼苗的适口食料是轮虫和无节幼体等小型浮游动物。据试验，鱼苗下田或塘时轮虫的数量以每升水 1 万个左右，生物量 20～40 毫克/升为好。鱼苗因适口食料丰富，生长快，成活率高，可以此作为肥水下塘的生物指示。丁桂鱼最佳摄食温度为22～28℃。

5. 饲料问题

丁桂鱼食谱虽然较广，但稻田养殖丁桂鱼早期的成活率和生长速度常常不尽如人意。有研究表明，当水体中枝角类维持一定群体量时，丁桂鱼幼鱼的生长速度会大幅度增加。在商品饲料中添加枝角类也能明显提高丁桂鱼的生长速度和成活率。丁桂鱼经过一年饲养，经人工驯化喜食颗粒饲料。要使丁桂鱼快速生长，需要特定的饲料配方，饲料粗蛋白质含量应在32%以上；目前，要获得良好的生产成效，可考虑在饲料中添加活饵。因丁桂鱼鱼肠短、底栖杂食，要求饲料蛋白质略高于鲤、鲫鱼的要求，冬片鱼种及以上的丁桂鱼参考配方：鱼粉16%、豆粕28%、菜粕10%、棉粕8%、次粉10%、麸皮11%、酒精蛋白粉10%、磷2%、沸石粉3%、添加剂2%。研究证明，投放40～80克的丁桂鱼鱼种，经过颗粒饲料投喂，一般情况下当年均可达到200～400克，完全可以达到上市规格。

【扫二维码视频11】
稻丁桂鱼生态种养模式
丁桂鱼饵料制作
及投喂方法

养殖丁桂鱼成本可以控制在12元/千克左右，从近年的市场价格来看，经济效益可观。关键是保证这种鱼的成活率，如果能在病害防治上做好工作，还是可以获得利润的。目前400克规格的丁桂鱼市场平均价格是50～70元/千克，8～10厘米规格的丁桂鱼鱼苗的价格是60～80元/千克，1千克约有400尾，即平均每尾0.15～0.2元。

七、 典型案例

湖南省双峰县印塘镇的李剑辉于2015年开始从事农田生态种养行业，承包农田600余亩，其中400亩用于稻丁桂鱼生态种养（图10-2）。稻田所养殖的丁桂鱼亲鱼自己培育，自己繁殖，外供丁桂鱼苗种。对于丁桂鱼的饵料，自配自制发酵饵料。每年每亩稻田产丁桂鱼75千克左右，成鱼的市场价格为每千克70元。

丁桂鱼适合在稻田里养殖，在稻田里养殖的丁桂鱼生态品质好、品味好（图10-3），稻米生态品质好，实现稻鱼双收，经济效益、社会效益和生态效益均较高，是一种很好的稻鱼生态种养模式。

图 10-2　稻丁桂鱼生态种养基地

图 10-3　稻丁桂鱼生态种养收捕丁桂鱼现场

Chapter 11

第十一章 农田稻鲟生态种养技术

一、 鲟鱼简介

鲟鱼是最古老的鱼之一，养殖前景非常好。目前我国人工养殖鲟鱼主要是俄罗斯鲟、欧洲鲟和杂交鲟，中华鲟作为国家一级保护动物暂不允许人工养殖。具“活化石”之称。鲟鱼与其他鱼相比，具有一些特性：鲟鱼是生长速度较快的鱼，体表被 5 列骨板，体内无硬骨，无肌间刺，体组织及各器官均可以食用，味道鲜美、营养丰富，各种营养成分全面。蛋白质、各种人体必需氨基酸及不饱和脂肪酸含量高，用其卵制作的鱼子酱被誉为“黑色黄金”，鱼子酱市场价格较高，因此鲟鱼的养殖前景非常好。稻田鲟鱼见图 10-1。

图 11-1　稻田鲟鱼

二、 鲟鱼养殖必备条件

1. 水源和交通条件

选择水源充足水质良好、无污染，不受旱涝影响，排灌方便的稻田。农田养殖鲟鱼水源可以用河水、溪水、泉水、水库水、井水等。如果以井水为水源，需采用流水养殖，使水处于不断流动的状态，这就使得水中的溶氧量始终保持较高的水平。值得注意的是，如果选择深井水，在水流入农田前，深井水必须曝气处理，这是鲟鱼对深井水的氮气要求，每升水氮气含量应在 0.5 毫克以下。因为深井水内的氮气含量较高，如果直接使用，将影响鲟鱼的生长，深井水经过充分暴露于空气中后，水里的氮气含量会大大降低，处理后的深井水即可用于鲟鱼的养殖。用井水作水源，水泵、发机电等设备是不可少的。同时必须配置送气泵作为增氧设备，由于鲟鱼对水中溶氧量要求比较高，因此就要求流水不能长时间地间断，为了能及时发现停水，需要安装一个报警装置，一旦停水或停电报警器就会发现警报。

稻鲟养殖场地交通便利，养殖区内道路及机耕道完善。

2. 养殖水体的底层结构

鲟鱼营底栖生活，养殖农田底层应为沙质土壤或者底层面为沙粒层，且保水性好，尤其是农田底及埂不能漏水；选择中低产的冷浸性的且底层符合上述条件的农田养殖鲟鱼。如果养殖场所的底层泥层较厚，为淤泥，则养殖的鲟鱼有泥腥味，鲟鱼的味道就不佳。

3. 水温

水温直接影响鱼类的摄食、代谢、生长等生命活动。水温过高或过低甚至会危及鱼类的生存。大多数鲟鱼生长的适宜水温为 17～27℃，最适范围为 20～24℃。在最适范围内随着水温的升高，鲟鱼的代谢率升高，摄食量增大，因此养殖过程中必须根据水温变化调整投饲量。

鲟鱼在冬季低温期还需人工越冬，适当提高温度以维持其一定的生长速度。生产上保持水温的方法有开采地下水和使用泉水等。一般情况下，水温的年变化以 7—8 月最高、1—2 月最低；水温的日变化以 14:00～16:00最高、清晨日出之前最低。水温除影响生物的生命活动外，还会影响水的理化性质，如水中溶解氧量、水的相对密度、二氧化碳含量及营养盐的溶解度等。因此养殖过程中，必须每天测量水温，并根据水温的变化规律安排好生产管理。

4. 溶解氧

鱼类的生命活动离不开氧，溶解在水中的氧气称为溶解氧。一般情况下，个体小的鱼对溶解氧的要求更高些，也比大的鱼更容易缺氧而窒息死亡。幼鱼培育时要求溶氧量在 6 毫克/升以上，成鱼养殖时要求保持 5 毫克/升以上。水中溶解氧的来源有大气溶于水中的氧及水生植物光合作用产生的氧。流水养殖时因水处于不断流动的状态，大气中的氧气不断溶入而使溶解氧保持较高水平。农田水面积大，在风力作用下仍会产生微小波浪促进水体和大气之间的气体交换，加上水生植物光合作用产生的氧气，因而一般情况下不缺氧。水中溶解氧的消耗主要由养殖鱼类和其他生物的呼吸作用所致。因此养殖密度越大，耗氧量越多。另外，浮游植物在光合作用放氧的同时，也因呼吸作用消耗氧，特别在夜间光合作用停止之后。所以水中溶解氧呈现明显的昼夜变化，白天较高，下午达峰值；夜晚较低，清晨日出前最低。此外，溶解氧还与水体中的微生物及有机物的氧化分解有密切的关系。溶氧最高时，好氧细菌的活动能对有机物进行彻底的氧化分解，同时把水中的一些有毒物质如氨转化为无毒的硝酸盐。低溶氧量条件下，底泥在缺氧状态下产生有毒气体如硫化氢、甲烷等。因此，在养殖水体中保持较高的溶解氧水平对维持整体水质处于良好状态是非常重要的。在生产上可通过加大水交换量、机械增氧、曝气等手段来增加养殖农田水体的溶解氧。溶解氧的测定有化学方法和仪器测定方法。生产上可用便携式溶氧仪，其测定方法简单、快捷。

5. pH

pH 即酸碱度，等于 7 时为中性，大于 7 时为碱性，小于 7 时为酸性。pH 过高或过低都会影响到鱼类的生理活动。在酸性水体中若 pH 低于 6.5，鱼类代谢水平降低，摄食量减少，消化率低，体质下降，抗病能力减弱，生长受抑制；反之，其值过高若大于 10，则会腐蚀鱼的鳃组织，影响鱼正常的呼吸活动，同样会抑制鱼的生长。pH 还影响水中有毒物质的化学态及毒性。其值升高，水体中非离态氨浓度增大，毒性增强。而其值下降，硫离子更容易转化为有毒的硫化氢分子；含有重金属离子的化合物或沉淀物也相继分解或溶解，致使游离态重金属离子浓度增大，毒性增强。水中 pH 还与土壤性质有关。农田生态种养时新改造的农田土壤多为酸性，因淤泥沉积过多，也会使酸性增强，生产上可通过泼洒生石灰来调节 pH。鲟鱼可以生活在 pH 为 6.5～9.0 的水体中，最适生长的 pH 范围为 7.0～8.0。测定 pH 用试纸或 pH 计。试纸法简单、快捷，将试纸置于待测定的水中，试纸浸湿后颜色随水体的 pH 而改变，与标准色比较即可得知水的 pH，但这种方法误差较大。pH 计使用前要先用标准溶液校正，能准确地测得水的 pH。

养殖水体的 pH 对鲟鱼的生长是非常重要的，鲟鱼不能生长在偏酸性的水中，要将水体 pH 控制在 7.5 左右，偏碱性的水体是比较适合鲟鱼的生长的。如果偏酸，水中的二氧化碳含量会大大增加，导致溶氧量急剧下降，对鲟鱼的生长造成严重的影响，并且还会增加氨氮等气体，导致鲟鱼发育受阻甚至死亡。

6. 碱度

水的碱度是指水中碳酸氢根、碳酸根和氢氧根等离子的含量，这些离子分别构成重碳酸盐碱度、碳酸盐碱度和氢氧化物碱度，其和称为总硬度。水体碱度过低会影响浮游生物的生长。水体碱度过高则抑制生物的生长，刺激鱼的体表分泌黏液或引起鳃出血而死亡。碱度适中的水体有利于生物的生长，并能保持水体 pH 的相对稳定。在适合鱼类生长的范围内，同时碱度适中的水体还能减轻重金属对鱼类的毒性。不同鱼类对碱度的承受能力不同，养殖鲟鱼的水体总碱度以 90～100 毫克/升为宜。

7. 光照

鲟鱼对光照的需求会随着生活方式的改变而有所不同，在垂直游泳的时候，鲟鱼有一定惧光性。随着鲟鱼慢慢进入底栖阶段后这种情况便会逐渐消失，通常光照不会对鲟鱼的生长发育造成影响。但是在夏季高温的环境下，太阳直射水面会提高水温，对鲟鱼的生长造成影响。因此应在养殖农田的沟凼上方合理地搭建好遮阳棚，防止太阳直射水体造成水体温度过高。

8. 透明度

在农田里养殖时，为了保证鲟鱼的健康生长，要保证养殖水体至少有 45 厘米的透明度。及时清理鲟鱼的粪便及残留饵料，避免降低水体透明度，控制浮游生物及其他物质的数量，保证水质。当鲟鱼逐渐长大后，可将透明度降低至 30 厘米左右，这样利于观察鲟鱼的生长，以便出现问题时可及时处理。

9. 养殖水体饵料生物

鲟鱼属肉食性鱼，喜食肉类。养殖农田中鲟鱼的饵料生物越丰富越好。农田水体内生物种类多样，小鱼小虾等浮游动物都是鲟鱼的活体饵料生物，鲟鱼喜欢吃这些营养丰富的小型水生动物。在农田内养殖鲟鱼，如果活体饵料不足，可以补充投喂全价配合饲料，在农田里养殖鲟鱼，要在农田沟凼内培植水草，同时在水体水草中培育多种鲟鱼喜食的鱼虾等小型水生动物。

三、 农田改造

要使农田既能种植水稻又能养殖鲟鱼，要对原来的只种水稻的农田进行改造。在农田中建造围沟、凼、田埂，科学设置进排水系统，有防逃设施、防敌害设施、遮阳设施和机械化作业条件等。稻鲟生态种养基地见图11-2。

图 11-2 稻鲟生态种养基地

1. 建立围沟和凼

根据农田的形状和位置，选择四周合适的位置开沟，稻田留机械通道入口，从进水口至排水口一侧挖围沟，另一侧不开挖沟。围沟规格为宽3米左右、深1米左右，从农田种植板至沟底为1米，坡比为1∶1.5，挖的剖面为梯形，挖出的土方用于外田埂加高加固。在围沟的合适位置，一般在拐弯处或者田角建立一个至两个凼，凼的长度和宽度根据农田的形状来定，深1米左右，坡比为1∶1.5。

2. 建立田埂

外田埂：在稻田四周建外田埂，上宽1米，高出稻田板0.7米，最高水位高出种植田板0.5米，沟凼内最高水位为1.5米。

内田埂：在建沟凼的一侧，种植田板与沟凼间，建一条宽30厘米，高于种植田板30厘米的内埂。每隔几米，设一个宽30厘米的活动口，这个活动口可根据需求封堵或打开。

3. 设置进排水系统及防逃等设施

在沟凼的一头建进水口，进水管用 PVC 管并带阀门，设置于田埂上。排水口设置在沟凼的另一头，排水口处于沟凼的最低位置，能排干沟凼内的水，排水系统为一个连通器，能够控制农田里的水位，可以在冬季让农田的水位达到较高位置，沟凼内水深 1.5 米。进排水口均套尼龙网。有必要在沟凼上方建遮阳棚或种植茭瓜或莲藕或藤茎植物。四周田埂用塑料网围住，防天敌伤害鲟鱼。在合适位置留机械出入口。

四、对农田改造工程的处理

对养殖鲟鱼的农田进行消毒处理。在农田改造完成后，对沟凼及整个田板面，每亩用 100 千克生石灰，化浆后全面泼洒处理，1 周后达到消毒效果。这样做的目的：一是杀灭病原体；二是调节农田的 pH，致养殖水体偏碱性，使水体 pH 适合鲟鱼生长，pH 为 7～8；三是鲟鱼本身需要吸收钙等矿物质；四是调节水质。在养殖过程中根据需要，可以泼洒生石灰进行处理。

五、鲟鱼人工繁殖和育苗

（一）人工繁殖

1. 亲鱼培育

亲鱼的选取：苗种质量与亲鱼培育有直接关系，亲鱼选取是亲鱼培育的第一步，也是最关键的一步。选取的基本原则：一是遗传背景清楚，保证品质纯正；二是逐级选取，具体做法为从 1 龄开始至成熟期，根据养殖生产对亲鱼优良性的要求，分 3～4 次对后备亲鱼群体进行选取，逐步淘汰不符合要求的个体。

（1）亲鱼培育池。鲟鱼属体型大的河道鱼类，好的培育条件能为亲鱼的生长发育提供良好的环境。一般亲本雄鱼达到性成熟需 4 年左右，雌鱼需 6 年左右，特别是亲鱼培育的达到性成熟的最后 2 年，池塘形状、鱼池规格、底质条件、水流量、水质、水温、噪声等都会对亲鱼的最终成熟产生影响。因此，培育后期尽可能将亲鱼移入专门的培育池中。池塘最好是近似圆形或椭圆形，面积不小于 100 米^2，底质设置成沙底，保证水量充足、水质清新。如果只有网箱条件，培育亲鱼的网箱须有足够大的规格和深度，水交换要好。建议网箱规格在 6 米×6 米×4 米。

（2）培育管理。主要有以下四个方面：

培育环境：亲鱼产前 2 年的培育环境对亲鱼的发育成熟非常关键，要保证充足的溶解氧和稳定的水流；进行雌雄鉴别，分离饲养；控制密度，减少高密度胁迫对亲鱼性腺发育的影响，尽可能保证亲鱼有适宜的生长环境。

营养与饲料：对亲鱼来说，蛋白质含量应高些、脂肪含量应低些，使用专门的亲鱼饲料，也可以自行配制亲鱼饲料，在商品鱼饲料中加入适量的冰鲜杂鱼或虾，在性成熟前 2 年内的主要生长季节投喂。

培育温度控制：性腺的生理成熟与水温的周期变化有非常密切的关系，需要一定的低温刺激。在持续超过 15℃的水温中培育，亲鱼性腺可以生长，但达不到成熟，不能正常排卵，特别是施氏鲟等一些对温度要求较严格的种类，性腺的生理成熟要求有产前不少于 2 个月的低温刺激，该低温具体为 4℃。因此，培育水温调控问题在设施配备上应加以考虑。

产后培育：鲟鱼属一生多次产卵性的鱼类，繁殖周期的长短依种类不同而异。施氏鲟多为每两年生产一次，西伯利亚鲟和小体鲟多为每年生产一次。产前的亲鱼有一段时间不摄食，加之人工催产和繁殖操作，产后亲鱼体力消耗大、体质弱，需要加强营养恢复，及时投喂全价饲料有助于亲鱼性腺的再次发育。

2. 人工催产与受精

（1）繁殖时间确定。大多数种类的鲟鱼亲鱼是在经过越冬后水温回升至 13℃左右时开始产卵，我国北方黑龙江的施氏鲟和达氏鳇的繁殖期在每年的 5—6 月，引进的俄罗斯鲟、西伯利亚鲟、小体鲟、长吻鲟等都属于春季产卵的类型，而长江的中华鲟例外，属秋季产卵类型，产卵时间均与水温的周期变化密切相关。养殖的鲟鱼的繁殖生产需要根据各地水温回升的具体情况而定，在温度达到 13℃时即可开始人工繁殖工作。有条件的繁殖场可以通过人工调节温度变化周期，提前或延迟鲟鱼的产卵时间。

（2）成熟度鉴别。生殖期的雌鱼和雄鱼体征有所不同，成熟欲产雄鱼体瘦、吻尖，脊板尖，体表黏液多，腹壁薄，腹部大且柔软，富有弹性。野生的成熟雄鱼较易鉴别，也可将鱼体背尾部弯曲成“弓”状，用手轻压生殖孔有少许精液流出。对于雌鱼，雌雄鱼成熟基本是同步的，不具备雄鱼的体征的则为雌鱼，更重要的是检查卵细胞的发育状况。用特制的挖卵器从生殖孔探入卵巢后中部，取少许卵粒，检查卵粒色泽、形状、极化程度等。卵核向动物极移动，辐射带之外出现一层胶质层时，则卵已处于成熟期。

（3）催情用药及剂量。使用鲟鱼脑垂体及 LRH-A。鲟鱼的催产可以采用肌内注射方法，个体较大的亲鱼用药量也大，最好采用多点注射的方法，以防药物流失或对鱼体局部产生不良影响。如果挤压雄鱼腹部也无精液流出，则需进行一次注射。雌鱼的注射次数主要视其性腺发育的成熟程度而定，一般成熟度好的，采用一次注射即可；若性腺成熟度较差或成熟不够完善，则需采用两次或三次注射。用药剂量：使用鲟鱼脑垂体，雌鱼注射剂量以每 10 千克体重为单位进行剂量的计算，雄鱼如需注射，其剂量一般为雌鱼剂量的 1/15～1/10；选用 LRH-A 做催产剂，雌鱼总剂量为每千克体重注射 30～90 微克，每一次注射 10%～20%，10～12 小时后第二次注射其余药量，雄鱼注射用量为雌鱼的一半，一次性完成。

（4）效应时间。以人工养殖的施氏鲟、西伯利亚鲟为例，雄亲鱼注射后 6～8 小时即可采集精液；雌亲鱼多在第二次注射后的 8～20 小时排卵。催产温度高则效应时间短，温度低则效应时间长。同一批亲鱼，当平均水温为 16.5℃时，效应时间为 18 小时；平均水温为 19℃时，效应时间为 11 小时。因此，每两次注射后应定时观察亲鱼的活动及排卵情况，及时取卵。

（5）精液的采集和储备。把达到效应时间的雄鱼固定在铺有湿毛巾的平台上，擦干生殖孔周围表皮的水，将预先准备好的、下接塑料采精袋的塑料软管轻轻插入生殖孔，辅助轻压腹部，精液会通过软管自动流入采精袋。采的精液少量充氧，单独封好，放在温度为 1～4℃的冰箱内保存。采精后的亲鱼放回暂养池，每隔 2 小时左右可以重复采精，通常一尾雄鱼可以重复采精 5～7 次。由于雄鱼的精液成熟后在体内较难保留，易因受惊吓或剧烈游动而排出流失，因此每次从暂养池中取出亲鱼的操作尽量轻和快，同时用布塞住生殖孔，并及时收集精液。

（6）成熟卵子的收集。收集成熟卵的方法有三种，分别是杀鱼取卵法、挤压法和活体手术取卵法。杀鱼取卵法：切断雌鱼的鳃动脉或尾动脉放血，再剖开腹腔取卵。挤压法：雌鱼达到成熟排卵后，用手先从雌鱼腹后部向前推压，再由前向后推压，目的是将体腔后部的游离卵粒尽可能地挤入输卵管伞，再使其经输卵管产出。这样的操作要每隔1小时左右进行1次，有时需重复3～4次才能完成。活体手术取卵法：将亲鱼麻醉，腹面向上放在铺有湿毛巾的操作台上。在腹中线生殖孔上方约10厘米的位置，切开一个2～3厘米长的小口，此时成熟卵会从切口处流出，需用容器接取。大多数情况下，辅助人工挤压可以将成熟卵一次取出。挤卵完成后，用医用缝合针和尼龙线缝合切口，消毒处理后，将亲鱼放入恢复池中。

（7）成熟卵子的人工授精。先将卵置于盆中，每盆4万～7万粒卵。加入1～2毫升精液，搅动精卵，使其充分混合。加入与受精卵孵化水温相同的清水，继续搅拌约5分钟，倒掉上层的体腔液和多余的精液，再漂洗2～3次，受精工作即完成。鲟鱼的精子大，而且激活后的寿命较长，因此，也可以采用先加水激活精子，再立即倒入盛卵盆的受精方法，这种方法更能有效提高受精率。

3. 受精卵孵化

受精卵脱黏处理：有多种方法，如泥浆脱黏法、化学药物法、滑石粉法、手工脱黏法和机械法等。手工脱黏法：在脱黏过程中用手在脱黏容器中搅动卵，使之与脱黏剂不断地接触，不发生粘连，直至卵不粘手为止。为使温度不发生变化，应将脱黏容器放在孵化水中。搅动时动作必须轻而缓，以卵能翻动与脱黏剂充分接触为度。

受精卵孵化：常用的孵化器种类较多，有鲟鱼专用孵化器、瓶式孵化器、淋水式孵化器、风箱等。在野外无法使用孵化器时，常将由筛绢制成的网箱放在微流水处孵化。孵化管理：水温与孵化效果的关系非常密切，在氧气含量不低于其发育的正常标准时，在一定范围内随水温的升高，鲟鱼的发育加快。孵化水温在13～15℃时，出膜率为25%左右，17～19℃时为65%左右，20～22℃时为30%左右。孵化水量的控制：水量控制的原则是保证孵化用水中含有足够的氧气，及时排出胚胎发育过程中的废物，同时还要兼顾拨卵器的定时动作；保证孵化器的供水量。孵化前期，呼吸量小，随着胚胎不断发育，呼吸量不断加大，到出膜前最大。因此水量的调整也可从小到大，到出膜前达到应有的供水量。水霉控制：在孵化过程中，水霉是影响鲟鱼孵化率的主要病害。水霉可以把活卵缠裹住，如不及时处理，被缠裹住的活卵与死卵形成块后，会造成局部缺氧，活卵会因缺氧而死亡。对水霉的控制是孵化成败的关键，控制方法主要有两种：一种是食盐与碳酸氢钠合剂，两者1∶1混合，使孵化用水达到8毫克/升浓度；另一种是亚甲基蓝，使孵化用水达到2～3毫克/升浓度。用这两种方法每天消毒一次，每次10～20分钟。

（二）苗种培育

1. 鱼苗暂养

暂养池：孵化出来的鲟鱼苗一周左右不吃食物，属内源性营养期，该期培育称为暂养。暂养池使用玻璃钢池或水泥池，用直径为2.0米左右的圆形池，水深为40厘米。玻璃钢池内壁光滑可直接使用。而水泥池应该在池底部和池壁铺上瓷砖，以减少因鱼池粗糙对鱼苗产生的刮伤。

水质及暂养密度：暂养池鱼苗用的水质必须符合要求，水的溶氧量较高，刚孵化的鱼苗放在有微流水和充气条件的玻璃钢池中高密度暂养，暂养密度为每立方米3万尾左右。

2. 鱼苗开口

鱼苗开口有两种方式：一种是动物性饵料投喂，即活饵开口；另一种是配合饲料投喂，即饲料开口。

活饵开口：鲟鱼苗采取先用活饵喂养一段时间，在鱼苗具备一定的体力和抗饥饿能力后，再用配合饲料进行驯化。鲟鱼苗使用的活饵有水蚯蚓、水蚤、卤虫等。开口活饵投喂要求：每天按鱼体重的100%投喂，当鱼苗规格增大和体质增强，投喂量也做相应的调整，开口后期降低到40%左右。也可以采取混合投喂活饵的方式，如在开口期用适口的水蚤或卤虫投喂，投喂4天再改用水蚯蚓投喂。这样的投喂方式可以弥补鱼苗因摄取单一活饵造成的营养成分的不足，鱼苗不仅生长速度快，存活率及健壮鱼苗的比率也会比较高。活饵的日投喂次数与鱼苗的规格及体质相关，鱼苗规格越小，体质越弱，投喂的次数越多。鱼苗开口初期 2～3 小时一次，随鱼苗的增长，投喂次数适当地逐步减少。因鲟鱼是全昼夜摄食的，所以夜间也必须投喂。在规模较大的生产中，更多采用水蚯蚓开口的方法。投喂前将水蚯蚓在清水中存养一段时间，待水蚯蚓的颜色变成鲜红、肠内的污物完全排出后，用刀剁碎，泼入池中投喂。活饵喂养鱼苗至一定规格后，再用配合饲料驯化。该方法的优点：鱼苗开口率和成活率高，前期生长速度较快，鱼苗体质健壮，摄食旺盛，规格较整齐，并对环境变化有一定的抗御能力。该方法的不足：要经过一次转口驯化。

饲料开口：鲟鱼苗第一次开口摄食时，直接用配合饲料投喂。该方法的优点：培育的鱼苗可以一直以配合饲料为主食，不需再次驯化。既减少了活饵成本，也解决了一些地方苗种培育期内得不到活饵供应的问题。该方法的不足：开口率和成活率较低，鱼苗规格参差不齐，有相当一部分鱼苗在整个培育过程中摄取极少量的饲料，仅能维持其基本的生命活动，生长速度慢，体质较弱。另外，这种开口方法对饲料的营养和适口性要求很高，管理的难度也比较大，需要不断地清理养殖容器内的残饵，以保证水质，需要不断地将大小鱼苗分开，以保证其正常生长。

3. 鱼苗转口驯化

指鱼苗从活饵投喂转向人工配合饲料投喂的过程。转口驯化时间：孵化出的鲟鱼苗经过 10～15 天的培育后，其体重达到 1 克左右，这时可以用配合饲料进行驯化。主要有配合饲料直接投喂和活饵与配合饲料交替投喂两种方法。

配合饲料直接投喂法：鲟鱼苗经过活饵培育，其体重增加到 1 克左右，此时鱼苗体质较好，食欲旺盛，可以停止投喂活饵，用配合饲料进行强行驯化。所采取的形式有硬颗粒和软颗粒两种。硬颗粒驯化难度相对较大，采用较多的是用软颗粒饲料进行驯化的方式。软颗粒饲料的制作是在基础饲料中添加辅助物质或用活饵浆浸泡干饲料，晾至半干后再用于驯化投喂。用活饵浆（如用水蚯蚓打碎后制成浆）浸泡制成的软颗粒饲料进行投喂，驯化时间约需 14 天，成活率 75%以上。为使幼鱼尽快适应配合饲料，必须有一定的饲料投喂量和投喂次数，饲料投喂次数通常一昼夜约为

10次，后期可依幼鱼对饲料的接受程度减少至5次左右。驯化期间最好在每次投喂后清池。在大规模养殖生产中，每天至少清池1次，保持池内水环境稳定良好。

活饵与配合饲料交替投喂法：驯化时，在每天的投喂食物中，逐步减少活饵的投喂次数，逐渐增加配合饲料的投喂次数。配合饲料的投喂方法是开始时每天1～2次，10天左右增加到4～5次，最后根据鱼的摄食情况，完全使用配合饲料。用交替投喂方法驯化鲟幼鱼，所需时间长，约为7周，驯化成活率较配合饲料直接投喂法高。在鲟鱼的规模化生产中，一般采用这种驯化方法，效果比较稳定。经过驯化的鲟幼鱼在完全接受配合饲料后，继续饲养的成活率很高；在养殖水温和饲料条件适宜的情况下，生长速度也较快，抵抗力强，很少患病。

4. 培育管理

放养密度：在其他条件相同的情况下，放养密度对鱼苗的生长速度有一定的影响，密度大会加大鱼苗的自身抑制作用，影响鱼苗的新陈代谢活动和鱼苗对饵料的消化利用率，同时也极易使其生活环境被污染，引起缺氧，造成死鱼现象。因此，应根据鱼苗规格合理地调整放养密度，具体见表11-1。

表11-1　鲟鱼苗培育放养密度

鱼苗体重（克）	温度（℃）	放养密度（千克/米²）
0.04～0.07	16～17	5.0～7.0
0.07～0.50	17～19	3.0～5.0
0.50～1.0	19～20	2.0
1.0～3.0	20～22	1.0
3.0～5.0	22～24	0.5～0.8

饲养管理：温度与水量控制相关，鲟鱼苗对外界环境的变化较为敏感，要避免温度的骤然变化，培育水温应控制在18～21℃。此时鱼苗对水体中的溶氧量要求较高，水供应量要充分，育苗池内水交换量根据鱼苗的放养密度和水温来调整。水位保持在40厘米左右即可。开口期饵料投喂量大，残饵较多，可调整育苗池内的水体量，使水体处于利于排污的微

流动或微转动状态。

投喂管理：用配合饲料投喂时，饲料颗粒的大小应严格同鱼苗的规格相适应。改换饲料粒径应由小到大逐步进行。初期投喂次数为每天 10 次左右，后期可根据鱼苗的生长和摄食情况调整到每天 5 次左右。

鱼池管理：每天监测培育池的水温、溶解氧、pH 等，记录有关的生产技术数据。认真做好排污工作，每天至少清池 1 次，保持育苗池内环境稳定良好，以利于鱼苗的生长发育。应及时对鱼苗进行分池，筛选出体弱、不摄食或是摄食量极少的鱼苗，先用活饵培育一段时间，待鱼苗体质有所恢复后再用配合饲料投喂。对于那些摄食积极、体质健壮的鱼苗也应挑选出来另行培育。定时巡逻，经常检查注排水设施、增氧设施等是否运转正常。

六、 鲟鱼的营养与饲料

1. 鲟鱼的营养需求

蛋白质方面：幼鲟所用饲料中蛋白质含量以超过 40%为宜，商品鲟鱼对食物的蛋白质含量要求相对要低一点，饲料中蛋白质含量应为36%～40%。饲料中使用动物性蛋白质较植物性蛋白质要好，因为动物性蛋白质易被鲟鱼消化吸收，而植物性蛋白质不容易被鲟鱼吸收。因此，饲料中的蛋白质应以动物性蛋白质为主，如鱼粉、肉骨粉和血粉等。一般来说，鲟鱼体的必需氨基酸组成与鲟鱼的必需氨基酸需求十分相似。

脂肪方面：脂肪是主要的能量来源，养殖鲟鱼的经验表明，饲料中脂肪含量以 9%左右为宜。

碳水化合物方面：与畜禽相比，鲟鱼对碳水化合物的利用能力较低，而且碳水化合物的来源不同其利用率也不同。鲟鱼饲料中碳水化合物的需要量为 12%左右。鲟鱼对纤维素的利用率很低，鲟鱼饲料中含少量的纤维素（3%左右）对促进其生长和提高饲料利用率有一定作用。

维生素方面：养殖生产中，鲟鱼饲料中应添加复合维生素，添加量为1%～2%。鲟鱼是一种摄食缓慢的鱼类，投喂饲料中的维生素一部分会在水中溶解消失，因此鲟鱼饲料中维生素的添加量要比实际需求量高一些。

矿物质方面：水生动物体内除碳、氢、氧、氮外，其他元素都统称为矿物质，也称无机盐。鲟鱼通过消化道和鳃吸收矿物质。鳃主要从水体中吸收溶解的矿物质。鲟鱼从水中吸收钙以满足代谢需要，但如果水中钙含量低于5毫克/升，则须在饲料中添加钙。此外，鲟鱼对钙的吸收还受钙在水中溶解度大小、饲料中维生素D的含量多少影响。鲟鱼只能从食物中摄取磷，因此配合饲料中必须添加磷。在对钙的需求量已得到满足的条件下，随着磷的含量的提高，鲟鱼生长速度加快。鲟鱼对磷酸氢盐和磷酸二氢盐的利用效果最好。鲟鱼有胃，对饲料内鱼粉中的磷利用率较高，但对植物原料中磷的利用率不高。矿物质是构成鱼体组织的重要成分，能促进其骨骼和肌肉等组织的生长，维持机体正常生理功能。钙和磷是骨骼和鳞片的重要成分，钙磷缺乏会引起其骨骼发育不良。但在饲料中添加过多矿物质会引起慢性中毒，抑制酶的生理活性，从而引起鲟鱼在形态、生理和行为上的变化，影响其正常的生长。鲟鱼的饲料中应添加1%～2%的复合矿物质。

2. 鲟鱼的配合饲料

颗粒饲料：呈短棒状，颗粒直径一般在2～8毫米。颗粒饲料可分为软颗粒饲料、硬颗粒饲料和膨化颗粒饲料。适合鲟鱼养殖用的主要为前两种，长吻鲟可以使用第三种饲料。

微粒饲料：也称微型饲料，是培育幼鱼使用的一种饲料，其特点是原料经微粉碎，成品颗粒小，营养丰富，高蛋白质，低糖，脂肪含量为11%左右，充分满足幼苗的营养需求，且易被消化吸收。微粒饲料可作为轮虫、枝角类等动物性活体饵料的代用品。

粉糊状饲料：具有黏结性和弹性的团块状饲料，在水中不易溶散。

发酵的粉糊状饲料：将所需的饲料原料混合搅拌均匀，用生物菌进行发酵，做成发酵粉糊状饲料，该饲料非常适合农田养殖的鲟鱼。

配合饲料的原料：鲟鱼常用的配合饲料原料主要有鱼粉、乌贼粉、肉粉、肉骨粉、虾壳粉、血粉、蚕蛹粉、豆粕、花生粕、麦类和麦芽、玉米粉、麸质粉、酵母粉、维生素添加剂、矿物质添加剂等。

饲料配方：营养物质含量过多会造成浪费，含量过少不能满足鲟鱼的营养需求。因此，必须根据鲟鱼的营养生理特性，采用科学方法将多种饲料原料配合起来，使各种营养物质相互补充，配制出营养全面、均衡的优质饲料。鲟鱼的营养需求因种类、发育阶段不同而有差异，因此各种鲟鱼饲料的配方也不尽相同。鲟鱼苗的配合饲料含粗蛋白质46%左右、粗脂肪15%左右。开口料含粗蛋白质52%左右、粗脂肪11%左右。鲟鱼成鱼颗粒饲料的一种配方：该饲料蛋白质含量为42%左右，原料为鱼粉38%、蚕蛹粉15%、血粉15%、酵母粉9%、小麦粉16.5%、玉米粉4%，添加剂预混料2%、黏合剂0.5%。

3. 鲟鱼的饲料投喂要求

投喂遵循“五定”原则，即定人、定质、定量、定时和定位。鲟鱼的摄食除有种间差别外，还受个体大小、健康状况和环境条件等因素的影响。因此，应根据鲟鱼的生物学特性，结合实际养殖环境条件，采用正确的投喂方法。这对促进鲟鱼的生长、提高饲料的利用率和转化率、增加经济效益都是非常重要的。

日投饲量：日投饲率即日投饲量占鱼体重的百分比。稚鱼、幼鱼培育期的投饲率一般为6%～12%，而成鱼的投饲率为2%～4%，即鲟鱼个体越大，投饲率越小。要根据鲟鱼的现存重量和实时投饲率确定投饲量。影响鲟鱼投饲量的因素较多：一是鲟鱼的摄食情况。投饲后，如果饲料很快被吃光，说明投饲不足，应适当增加投饲量。反之，投饲后较长时间仍吃不完，剩余饲料较多，应减少投饲量。养殖时，每天傍晚和翌日早晨各检查一次摄食情况，一般以饲料基本吃完为宜。二是季节和水温情况。鲟鱼是变温动物，在适宜的水温范围内，其代谢率随水温的升高而增大，摄食量也随之增大。此时，投饲率可按水温每升高1℃增加0.1%～0.2%的比例调节。冬季或早春气温低，鲟鱼摄食量减少，要少投喂；夏季水温升高，鲟鱼食欲增大，要增加投饲量。但一旦水温超过适温范围，鲟鱼代谢率就趋平甚至下降，应减少投饲量，必要时暂停投饲。三是天气情况。天气晴朗时可多投饲料，阴雨天、雷雨季节应少投饲。天气闷热、气压低、雾天或雷阵雨前后应暂停投饲料。四是水质情况。判别水质情况最好的指标是溶氧量。幼鱼培育时要求溶氧量在6毫克/升以上，成鱼养殖时要求保持在5毫克/升以上。溶氧量过低时鲟鱼摄食量下降，应减少投食。可以结合观察水色和透明度来判别水质情况，水色浓，透明度小，应减少投食量；水色浅、透明度大，可适当增加投食量。五是饲料种类。一般投饲率都以饲料干重计，生产上以含水量较少的硬颗粒饲料为标准，其他饲料折算成硬颗粒饲料的比例为：软颗粒饲料 2∶1，活动物饵料、新鲜或冷冻杂鱼 4∶1。

投喂次数和时间：日投饲量确定后需要将一天的总量分成多次来投喂。稚鱼、幼鱼培育期每天投饲 4～6 次，成鱼养殖时每天投饲 3～4 次。有的鲟鱼夜间摄食量多于白天，所以早晚可多喂，占日投喂总量的 2/3；白天则少喂，占日投喂量总量的 1/3。

七、农田稻鲟生态种养鲟鱼养殖技术

暂养：经过 3～4 个月的鲟鱼苗种培育，鲟鱼苗由 5 厘米左右长到 15～20 厘米，而且这个阶段的鲟鱼在转移到农田里养殖前，则必须先在暂养池中进行暂养。暂养池面积为 9～16 米^2，暂养的目的是让鲟鱼适应室外农田的环境。暂养池的形状可以是圆形、正方形或长方形的。一般正方形和长方形的四个角切掉，这样池中水流旋转就没有死角。有条件的，在鲟鱼苗种暂养池安装遮阳网或搭建遮阳棚。池底中央设有排污口，底面向排污口有一定的坡度，以便自动集中污垢和排泄物。在暂养池使用前，先用生石灰进行消毒，消毒方法：先用大桶盛一些生石灰，然后加水搅拌溶解，待生石灰与水分充分反应后，就可以直接泼洒在池内壁上，一周之后，就可以放鲟鱼苗。经过鲟鱼苗培育和暂养，鲟鱼体长能够达到 20 厘米以上，此时鲟鱼已完全适应室外的农田环境，就可以把这些鲟鱼苗转移到农田里进行饲养，并一直养到商品生态鱼上市。

农田处理：对养殖鲟鱼的农田进行处理，对农田及改造的部分进行清理和生石灰消毒。每亩用生石灰 100 千克泼洒处理，有条件的安装增氧设施，水的深度控制在 1 米左右，透明度控制在 30 厘米以上，溶解氧控制在 5 毫克/升以上。氨氮含量不超过 0.5 毫克/升，最佳 pH 范围为 7.0～8.0。在农田沟凼的底部铺上一层细沙，这样底层不易长青苔，每亩农田放养 20～30 厘米的鱼种 200 尾。检查鲟鱼的生长情况，根据鲟鱼的体重调整投喂量。鲟鱼逐渐长大后，视情况要对农田水体进行消毒，此时用漂白粉进行消毒，漂白粉用量为每立方米 1 克，有必要时，每月消毒一次。

具体方法是：先将漂白粉用水冲拌搅匀，然后泼洒在离进水口较近的位置，这样随着水体的流动整个农田的水体都能消毒。

投喂：当鲟鱼体长达40厘米、重量约250克时，每天投喂饲料次数保持在2次，每天投喂量为2%～3%，总之经常观察鲟鱼的活动和摄食情况。可以抽样检查鲟鱼的生长情况，根据鲟鱼的体重调整投喂量。

防缺氧：在农田中养殖鲟鱼过程中，一旦停水时间过长而且发现不及时，鲟鱼会出现大量浮头、翻肚等缺氧症状。遇到这种情况时，可先开动气泵，增加水中的溶氧量，然后使用增氧剂增加氧气，缓解鲟鱼的缺氧症状，增氧剂的用量为每立方米5克。加水搅拌均匀后贴近水面泼洒即可。

农田养殖鲟鱼注意事项：一是保证较好的水质，水中溶解氧5毫克/升以上，氨氮含量0.5毫克/升以下。二是经常对鲟鱼进行监测，观察鲟鱼养殖水体环境变化，特别对农田水质、水温、鲟鱼活动、鲟鱼进食情况进行观察，防止缺氧。三是投喂优质的鲟鱼饲料。四是做好水体的消毒和疾病预防工作。体长20厘米左右的鲟鱼在农田里与水稻共生情况下，经过9个月左右的精心管理，就可以达到600～900克的规格。

八、 商品鲟鱼的运输

商品鲟鱼运输的目标是保证运输途中的成活率。如果发现病鱼不能出售，发现农田中有多尾病鱼，则整田鲟鱼都不能出售，待治疗以后才能上市。出售前需要对鲟鱼停食2～3天，这样可以减少鲟鱼在运输途中的耗氧量，在捕捞之前，先把农田中达到商品规格的鲟鱼捞出来，达不到规格的放回农田继续养。当整框的鲟鱼称量后，要用水冲一下，冲掉鲟鱼体表上的黏液，这样更有利于鲟鱼在运输途中成活。对于短途运输的，可以用水箱，方法是将鲟鱼倒入装有水的水箱内，并且用氧气罐给水箱内的鲟鱼充氧气。水面上出现气泡不用担心，这是由氧气冲掉鲟鱼身上的黏液产生的，不会对鲟鱼造成影响。对于路途较远的可以采用空运的办法，与短途运输不同的是，在将鲟鱼冲水称量后，先把鲟鱼放入有冰块的水中，几分钟后鲟鱼被冻晕，在塑料袋中加入冰块，这里使用的塑料袋是双层的，可以防止被扎破；然后将冻晕的鲟鱼头朝下装入袋，并充满氧气，接着将口扎紧放入保温箱内，当把保温箱装满之后，再加冰块；最后打包运输。在一个温度较低的氧气袋里，鲟鱼的新陈代谢会大大下降，因此可以保证鲟鱼鲜活。

九、农田稻鲟与其他养殖鱼类混养技术

农田改造后，就可以实现农田稻鲟生态种养。为了使农田里主养的鲟鱼在农田里生长快、品质优、效率高，营造一个更合适的鲟鱼生态养殖环境，为鲟鱼配养鲢鳙鱼和鲤鱼。混养这三种鱼均是为了更好地养殖鲟鱼。

在农田里要主养鲟鱼、配养相关鱼，必须满足几个条件：农田内开沟凼，水深1.5米左右。保证农田流水不断，有新水注入，水质较好，保证适宜水温，较高溶氧量，足够的饵料物质。农田里要有一定数量的天然饵料，但如果不能满足鲟鱼生长的需要，必须人工投喂，投喂的饵料种类较多。可投放一些小型鱼类和虾类。专门选取一个稻田养殖鲟鱼的饵料水生动物，投一些饵料，用于培育小型水生动物，如小鱼、小虾、水生昆虫等，将培育的这些小型水生动物提供给鲟鱼，作为其最好的活体饵料，也可以自制饵料投喂。

混养鲤鱼和滤食性鱼：农田稻鲟生态种养，混养鲤鱼和鲢鳙效果非常好，每亩投放与鲟鱼规格相当的鲤鱼30尾左右、鲢鱼5尾、鳙鱼5尾。鲢鳙鱼滤食浮游动植物并能调节水质；鲤鱼为杂食性鱼，吃掉腐殖质和鲟鱼的排泄物，具清洁养殖水体作用。这些水生动物的作用可以使农田水体保持水质良好的状态。

农田鲟鱼生长规律：第一年，从0.1千克左右的苗投放农田，满一年后，体重可以达到1千克左右；第二年，从尾重1千克可以增重至2.5千克左右；第三年，继续增重至5千克左右。随着养殖年限的增加，鲟鱼的生长速度加快。

十、疾病敌害防治

采取“预防为主，防治结合”原则，做到无病先防、有病早治。控制疾病的发生和流行。

1. 田间消毒

放养前半个月，农田沟凼内积水一薄层，每亩用生石灰100千克，溶化后全面泼洒。

2. 水体消毒

4—10月，是鲟生长较快和疾病流行的季节，每半个月按每亩用生石灰20千克等标准泼洒进行水体消毒。

3. 确定引发鲟鱼疾病的病原体

病原体主要有病毒、细菌、真菌、寄生虫。病毒病原体：必须寄生在活细胞内才能生长繁殖。病毒所致疾病传染性强，死亡率高。目前抗病毒的特效药物缺乏，其中有虹彩病毒和腺病毒等。细菌病原体：有3种，即球菌、杆菌和螺旋藻。对鲟鱼危害最大的主要是杆菌，如嗜水气单胞菌。真菌病原体：真菌通过无性或有性生殖过程产生各种孢子进行繁殖。感染鲟鱼的真菌主要是水霉属和绵霉属的一些种，如丝水霉、鞭毛绵霉等。寄生虫病原体：寄生虫有完整的生活史，它们的寄生生活与环境和中间宿主有密切关系。寄生在鲟鱼上的寄生虫有若干种。

4. 鲟鱼病害诊断和治疗

发现鲟鱼出现病情时，及时诊断和治疗，做到对症下药，并捞出病死鱼，减少投饲量，控制病情蔓延。

（1）细菌性败血病。病原为嗜水气单胞菌。症状：行动迟缓，摄食量下降，体表症状为腹部、口腔周围、骨板基部出血，肛门红肿，鳃丝颜色较淡；剖检有淡红色腹水，肝脏肿大呈土黄色，有坏死灶，后肠及螺旋瓣出血发炎，并充满泡沫状黏液物质。危害：此病可感染人工养殖的各种规格的鲟鱼，在管理不善、连绵阴雨天时较易发生，此病发病急、传播快、发病率高，如控制不及时，死亡率很高。治疗方法：一是水体消毒，泼洒二氧化氯，用量为每立方米水体0.3克。二是内服治疗，每100千克鱼每天用恩诺沙星2.0克拌饵，分4次投喂，6天为一个疗程。预防措施：一是保持农田沟凼良好的水质，不投喂腐烂变质的饲料。二是根据实情，用0.3毫克/升二氧化氯、0.5毫克/升聚维酮碘等药物进行水体消毒，并在饲料中定期添加抗菌中草药、维生素A和维生素E等。

（2）细菌性肠炎。病原为点状产气单胞菌。症状：游动迟缓，食欲减退。检查病鱼，可见肛门红肿，轻压腹部有黄色黏液流出；剖检可见肠壁局部充血发炎或者全肠呈红色，肠内无食物且积聚黄色黏液。危害：鲟鱼的稚鱼、幼鱼易感染此病。在水温高于 20℃时，因养殖水体水质变差或鲟鱼摄食变质饲料易引发此病，常引起大量死亡。治疗方法：采用外用与内服相结合的方法效果较好。外用为泼洒 0.3 毫克/升的溴氯海因。内服治疗，每千克鱼每天用 0.02～0.04 克大蒜素拌饵投喂，连用 5～6 天。预防措施：保持水质良好，水量充足。投喂新鲜的饵料、饲料颗粒大小适中的全价饲料。尽量做到定时、定量投喂，定期投喂大蒜素，用量为每 10 千克饲料中添加大蒜素 2 克。

（3）烂鳃病。病原为柱状屈挠杆菌。症状：体色较淡，行动迟缓，离群独游；鳃丝发白，呈斑块状腐烂，覆盖带水中泥土杂物的胶混黏液。危害：主要危害体长 20 厘米以下的鲟鱼。染病后 2～3 天，病鱼因呼吸困难而死。治疗方法：外用，泼洒 0.3 毫克/升二氧化氯，连泼 2 天，泼洒季铵盐类药物，如水产用双季铵盐碘，每立方米水体用药 0.5 克，疗效显著。内服治疗，土霉素拌饵投喂，每千克体重每天用药 50 毫克，连用3～5 天。预防措施：及时更换池水，保持水质良好。每 15 天泼洒一次生石灰，使水体浓度达到 40 毫克/升。

（4）卵霉病。由水霉属和绵霉属等水生真菌寄生引起，常见种类有同丝水霉、鞭毛绵霉等。症状：在受感染的鲟卵上，菌丝像根状物浸入卵膜，外菌丝穿出卵膜或呈辐射状浸在水中，使鲟卵像一个白色绒球。危害：在 15～20℃水温条件下，鲟卵易感染水霉，传染快，死亡率高。治疗方法：每天用 1%～3%的食盐水浸泡鱼卵 20 分钟。预防措施：提高鲟卵受精率，改进孵化方法，保持良好水质或采用人工方法不断清除坏卵。

（5）孢子虫病。病原体为孢子虫，主要寄生于鲟鱼的肝脏和皮肤等。症状：烦躁不安，在水中快速游动，摄食量减少，体表可见比绿豆略小的白点，肝脏颜色土灰，有点状包囊。镜检体表白点或肝脏包囊中有大量孢子虫。危害：鲟鱼出现此病，若不及时治疗可引起死亡。治疗方法：使用含阿维菌素成分的渔药，用法和用量参见说明。预防措施：定期更换新水，保持水质良好。

（6）气泡病。当天气比较干燥时，饲料在运输和储存过程中一部分水分会蒸发掉，用这样的饲料投喂鲟鱼时，容易引起气泡病。气泡病没有特治方法，一般以预防为主。预防方法：先将饲料加适当水，搅拌之后，再投喂。

5. 提高鲟鱼的免疫力、预防肠炎和烂鳃

提高鲟鱼的免疫力采用复合维生素，预防肠炎采用中草药三黄散，预防烂鳃采用中草药烂鳃灵散。在饲料中添加复合维生素，用量：每千克饲料中加入0.5克复合维生素，在每天投喂的饲料中加一次即可。用法：将复合维生素过秤后，倒入水中搅拌均匀，水与饲料的比例为1∶10，然后倒入饲料并搅拌，一直搅拌到没有水为止。饲料搅拌均匀后，不急于投喂，在阴凉处放置10分钟，饲料充分吸收水分后再开始投喂。在饲料中添加三黄散预防肠炎。用量是1千克饲料中加入2.5克三黄散，视情况每月投喂2次，用法与复合维生素相同。对于烂鳃的防治，可以在饲料中添加烂鳃灵散预防烂鳃。烂鳃灵散的用量与用法与三黄散相同，也是每月投喂2次。如果发现有烂鳃的鲟鱼，可以先用复合碘溶液消毒，2天后，再使用烂鳃灵散进行治疗。

6. 其他敌害生物的防治

（1）青泥苔和水网藻。青泥苔和水网藻喜生长在水浅、有机质较多的养殖鲟鱼的沟凼水体内，它们大量繁殖后，在水中长成一缕缕绿色的细丝，衰老后呈块状浮在水面。鲟鱼苗和幼鱼钻进其中往往游不出来，易死亡。青泥苔和水网藻在沟凼水体中存在，还严重妨碍捕捞，同时，有碍于水体交换。防治方法：对生长在水体内的青泥苔，可采取架设遮阳网，抑制青苔的生长繁殖；对生长在沟凼内的青泥苔，可用生石灰泼洒，使水体浓度达到40毫克/升。

（2）有害昆虫。主要有水生昆虫和部分陆生昆虫，水生昆虫有水蜈蚣、松藻虫、红娘华等；陆生昆虫幼虫主要是差翅亚目的幼虫，这些昆虫大量出现在水体中，对养殖的鲟鱼幼苗产生危害。防治方法：放苗前用每亩70～100千克的生石灰彻底清沟凼、消毒，杀灭成虫和虫卵。泼洒90%晶体敌百虫，每立方米水体用药0.3克。

7. 鲟鱼养殖常用药物及使用方法

鲟鱼养殖常用药物及使用方法见表11-2。

表 11-2　鲟鱼养殖常用药物及使用方法

药物名称	用途	用法与用量	休药期（天）	注意事项
生石灰	用于改善水底环境，清除敌害生物及预防部分细菌性疾病，调节 pH	泼洒：20 毫克/升		不能与漂白粉、有机氯、重金属盐和有机络合物混用
漂白粉	用于改善水体环境，防治细菌性皮肤病	泼洒：1.0 毫克/升	≥5	勿用金属容器盛装；勿与酸、铵盐、生石灰混用
二氯异氰尿酸钠	用于防治细菌性皮肤病	泼洒 0.3～0.6 毫克/升	≥10	勿用金属容器盛装
二氧化氯	用于防治细菌性疾病	浸浴：20～40 毫克/升，5～10 分钟；泼洒：0.1～0.2 毫克/升，严重时 0.3～0.6 毫克/升	≥10	勿用金属容器盛装；勿与其他消毒剂混用
二溴海因	用于防治细菌性和病毒性疾病	泼洒：0.2～0.3 毫克/升		
氧化钠	用于防治细菌性、真菌性或寄生虫性疾病	浸浴：1%～3%，10～15 分钟		
高锰酸钾	用于杀灭锚头鳋等	浸浴：10～20 毫克/升，15～20 分钟；泼洒：4～7 毫克/升		水中有机物含量高时药效降低；不宜在强烈阳光下使用
四烷基季铵盐络合碘（季铵盐含量为 50%）	对病毒、细菌、纤毛虫、藻类有杀灭作用	泼洒：0.3 毫克/升		勿与碱性物质同用；勿与阴性离子活性剂混用；使用后注意增氧；勿用金属容器盛装
聚维铜碘（有效碘为 1.0%）	用于防治细菌性、病毒性疾病	泼洒：0.5 毫克/升；浸浴：30 毫克/升，15～20 分钟		勿与金属物品接触；勿与季铵盐类消毒剂直接混合使用
氟苯尼考	用于治疗细菌性疾病	拌饵投喂：每千克体重 10 毫克，连用 4～6 天	≥7	
磺胺嘧啶	用于治疗肠炎病	拌饵投喂：每千克体重 100 毫克，连用 5 天		第一天药量加倍
磺胺甲噁唑	用于治疗肠炎病	拌饵投喂：每千克体重 100 毫克，连用 5～7 天		不能与酸性药物同用；第一天药量加倍

（续）

药物名称	用途	用法与用量	休药期（天）	注意事项
大蒜	用于防治细菌性肠炎病	拌饵投喂：每千克体重10～30克，连用4～6天		
大蒜素粉（含大蒜素10%）	用于防治细菌性肠炎病	每千克体重0.2克，连用4～6天		
大黄	用于防治细菌性疾病	泼洒：2.5～4.0毫克/升；拌饵投喂：每千克体重5～10克，连用4～6天		投喂时常与黄芩、黄柏合用，三者比例为5∶2∶3
黄芩	用于防治细菌性疾病	拌饵投喂：每千克体重3～6克，连用4～6天		投喂时常与大黄、黄柏合用，三者比例为2∶5∶3
黄柏	用于防治细菌性疾病	拌饵投喂：每千克体重3～6克，连用4～6天		投喂时常与大黄、黄芩合用，三者比例为3∶5∶2
五倍子	用于防治细菌性疾病	泼洒：2～4毫克/升		
穿心莲	用于防治细菌性疾病	泼洒：15～20毫克/升；拌饵投喂：每千克体重10～20克，连用4～6天		
苦参	用于防治细菌性疾病	泼洒：1.0～1.5毫克/升；拌饵投喂：每千克体重1～2克，连用4～6天		

资料来源：《无公害食品　渔用药物使用准则》（NY 5071—2002）。

十一、水稻种植技术

1. 品种选择

农田稻鲟生态种养的水稻要选生育期较长、分蘖力强、丰产性好、米质优、耐肥、抗倒伏、抗病虫害、耐淹、叶片直立、茎秆较高、株型紧凑的品种。

2. 基肥

每亩农田施有机肥500千克左右、饼肥150千克；或者施腐熟的农家肥1 000千克左右。

3. 水稻栽插

农田板用于水稻种植。采用人工栽插、机插、直播均可。采用宽窄行方式，宽行 40 厘米，窄行 20 厘米，利于鲟鱼在农田里栖息、生长、活动。

4. 田间管理

合理施肥：在放养鲟苗的农田里施肥的方法与普通农田有所不同，其施肥的原则是只施有机肥或腐熟的农家肥，深施和根外追肥。苗期视水稻长势施复合肥，分蘖期施硫酸钾 10 千克。

农田种稻养鲟鱼是一项新型的农田生态种养模式，在稻田里养殖鲟鱼，鲟鱼可以吞食农田里的水生害虫，同时还可以加强水体交换和气体流通，不施农药，减轻了农药污染，降低了成本。

十二、典型案例

湖南省怀化市中方县泸阳镇有一个农田稻鲟生态种养基地，稻田面积 600 余亩。

2014 年初开始在农田里种稻养殖鲟鱼，还套养鲤鱼和鲢鳙，进行农田生态种养。2019 年 2 月 22 日，在 600 余亩农田中，投放鲟鱼苗种 12 万尾，苗种规格 0.1 千克左右，每亩投放苗种 200 尾左右，同时混养同规格的鲤鱼 30 尾和 5 尾白鲢、5 尾鳙鱼。2019 年 11 月中旬，鲟鱼每尾均重 1.15 千克，鲤鱼均重 1.25 千克，鲟鱼成活率 97%。稻田鲟鱼市场价格每千克 100 元左右，鲤鱼每千克 50 元左右。

水稻品种为农香 32，鲟鱼、鲤鱼进行稻田生态种养。水稻栽插采取宽窄行方式，不施化肥，不用农药。具体见图 11-3 至图 11-5。

图 11-3　稻鲟生态种养中方县基地（9 月）

图 11-4　稻鲟生态种养中方县基地（11 月）

图 11-5　稻鲟生态种养中方县基地 1 月捕获的鲟鱼

【扫二维码视频 12】
稻鲟生态种养示范基地
手捉鲟鱼现场

Chapter 12

第十二章 稻鳖鱼虾鳅生态种植混养关键技术

农田生态种养就是对农田的结构和功能进行科学循环利用，既在农田里种植水稻等，又在农田里进行水产养殖，提高农田生产效率。本模式研究是利用农田生态学原理，选择优质水稻品种，选择水生动物中华鳖、小龙虾、白鲢、鳙鱼、鲫鱼和泥鳅共作。利用水稻与多种水生动物共生关系，共建农田最优生态系统，从而获得较高的产量和最优品质的农产品，生产过程中不施化肥和不用农药，实现农田生态种养。

一、 农田准备

1. 农田选定

选定生态种养农田一定要从以下几个方面考虑：一是水源丰富，排灌方便，干旱洪涝均不受影响；二是水质较好，没有污染；三是保水性好，阳光充足；四是农田较集中，基础设施齐全，交通电力方便。

2. 农田改造

将整块平板老式农田改造成厢沟凼式农田。

建凼：根据农田形状和排灌水科学方便等，在农田一侧建凼。凼长根据农田形状决定，宽 3 米以上，深 1.2 米以上，坡比为 1∶1.5。挖出的土方用于加宽加高加固田埂。

建厢：在田板上建厢，厢宽 1.8 米，该宽度是由机械化时机械的宽度决定的。

建沟：厢与厢间以及小埂与厢间建沟，宽 30 厘米，深 30 厘米。

建小埂：凼与田板间建小埂，宽 30 厘米，高 30 厘米。

建可控连通点：凼与沟相连通，连通口可以控制水生动物进出。

建进排水口：在凼的高处设置进水口，在进水口对角且位置较低处设置排水口。进排水系统可以控制农田水位，便于生产。

建防逃设施：在相关的地方设置防逃设施。

建机械出入口：合适的位置建 3 米宽的机械出入口。

农田内水位：农田水位控制到 0 厘米即排干，最高水位可以控制到厢面以上 40 厘米。

3. 农田处理

农田改造后，对农田整体进行处理。泼洒生石灰，生石灰用量 1 500 千克/公顷。生石灰用于杀灭农田有害病原体，调节农田 pH 和净化水质，其中含的钙是水生动物必需的矿物元素。每年年底对农田用生石灰全面处理一次。

4. 水草培植

在农田的凼内培植水草是必需的，同时必须注意几点：一是凼内至少培植三种水草；二是适时培植水草和控制水草量；三是水草面积不能超过凼水面的 30%。

水草是水生植物的别称。水草分四类，即沉水性水草、浮叶性水草、挺水性水草、漂浮性水草。常见的有伊乐藻、轮叶黑藻、苦草、菹草、金鱼藻、水花生、浮萍、青萍、槐叶萍、满江红、水车前、眼子菜、空心菜等。这些常培植的水草习性不同，其中有的水草耐高温，有的耐低温，如轮叶黑藻耐高温，伊乐藻和菹草不耐高温，在凼内培植水草一定要综合考虑不同类型的搭配。

这些水草的作用非常大，能创建适宜的生态生物环境；能为农田内的水生动物提供丰富的天然饵料；沉水性水草光合作用能丰富水中溶氧；能净化水质，使富营养化的水资源化；能供农田内的水生动物隐蔽藏身，构筑水底森林；能为水生动物繁殖提供环境；提供水生动物攀附物；能调节水温；能防病，水花生能较好地抑制细菌和病毒；能提高水生动物品质；有效提高水生动物成活率；有效防逃；消浪护坡，防风固堤。

二、 水稻品种和鳖鱼虾鳅品种选定及其生物学特性

1. 水稻品种

用于农田生态种养的水稻品种非常重要，应选择性状合适的水稻品种。选抗病害、抗虫害、抗倒伏、耐肥性强、米质优、可深灌、株型合适、生育期较长的水稻品种。经过对比和试验，有一些常规中稻品种和杂交水稻品种适合用作农田生态种养的水稻品种。以常规稻农香 32 为例，该水稻为常规稻，农香 32 水稻种每亩需 1.5 千克左右，产量 18 000 千克/公顷左右，米质国家二级，生育期 137.5 天，性状适合用作农田生态种养。

2. 中华鳖

中华鳖常被称作甲鱼，为常见的养殖鳖种，非常适合在农田里养殖，属鳖科、中华鳖属，经济价值高，既有食用营养价值，又有药用价值，是水陆都能生活的爬行动物。用肺呼吸，具有很强的攀爬本领。生活在淡水中，水域 pH 7.0～8.0，溶氧量 3 毫克/升以上，氨氮浓度必须小于 0.2 毫克/升，亚硝酸浓度必须小于 0.05 毫克/升。

3 月至秋末这个时段，水温为 20～30℃，此时是适宜中华鳖生长和发

育的时期，也是人工养殖的季节，水温在 15℃以下时，则潜入水下冬眠。

3. 小龙虾

小龙虾也称克氏原螯虾、红螯虾、淡水小龙虾，为螯虾科、原螯虾属动物。适宜在农田里养殖，在淡水里适应性强。与中华鳖一样对水质要求比较宽，pH 6.5～8.0，溶氧 3 毫克/升以上，氨氮小于 0.05 毫克/升，在水体缺氧情况下，它们会爬上岸去呼吸氧气。食性杂，摄食水草、藻类、水生昆虫等，10～30℃正常生长发育，水温低于 10℃时和高于 30℃时，打洞越冬和打洞避暑。

4. 鲫鱼、白鲢和鳙鱼

鲫鱼为鲤科、鲫属鱼类，是我国常见的经济鱼类，适合在农田内养殖。食性杂，以水生植物性饵料为主食，繁殖力强，产卵数量多，产卵期长，从春季到秋季，适应水温范围广，水温在 10～32℃时都能摄食。

白鲢、鳙鱼都为滤食性鱼类，以浮游生物为饵料，白鲢偏好于浮游植物，鳙鱼偏好于浮游动物，生长迅速，肉质好。混养时，白鲢与鳙鱼放养比例为 1∶5。

5. 泥鳅

泥鳅是淡水底层温水性鱼类，喜欢生活于软泥底的农田中的浅水水域。泥鳅为杂食性鱼类，在天然水域中以昆虫幼虫、小型甲壳类动物、小型藻类、植物碎屑、腐殖质等为食物，与其他鱼类混养时，常以其他鱼类吃剩的残饵为食。

泥鳅生活水温为 5～35℃，最适生长温度为 25～28℃，当水温上升到 30℃以上时，钻入淤泥中避暑；水温降至 5℃以下时，潜入泥土中冬眠。泥鳅对环境的适应性很强，有三种呼吸方式，即鳃呼吸、皮肤呼吸和肠呼吸。泥鳅在夏季昼伏夜出，白天钻入泥中，只露出头部，用鳃呼吸和摄食；冬季钻入泥底，靠肠呼吸来维持生命。

泥鳅 1 龄性成熟，春季水温达到 18℃时便开始自然繁殖。泥鳅为多次产卵鱼类，每次产卵历时 5 天左右，产卵期从 4 月底开始一直维持到 8 月。

三、生态种养生产过程

1. 放养小龙虾

第一年8月，水稻处于抽穗期，放入小龙虾亲虾，选择抱卵雌虾，也就是抱卵小龙虾，投放量为450千克/公顷，自己繁殖，供作第二年的小龙虾苗。

农田里的小龙虾的饵料与管理：稻田内小龙虾当年自繁苗在9月至10月与水稻共生，继续留于稻田过冬，直到翌年5月，在这段时间，水草、藻类、水生昆虫、水稻秸秆等都是小龙虾的天然饵料，不需投放饵料。

秋季当水温下降到10℃时，小龙虾就在岸边打洞越冬，不吃食，洞的深度为0.3～1.2米，里面有少量积水，以保持湿度，小龙虾在洞里越冬一直到第二年2月，在越冬期间不吃食或者吃食量很少。小龙虾在越冬期间，农田凼内水深控制在1米以上。越冬以后，将农田厢面逐渐淹水至20厘米左右。到第二年2月，水温升高时它们就出来活动吃食。第二年4月，小龙虾就长大了，每只30～40克达到上市规格，此时，收捕上市。

在水稻插种前，小龙虾就可以陆续捕获上市。未达到上市的小龙虾继续在农田里生长。捕获后，稻田内小龙虾的密度降低，剩余的小龙虾生长速度会更快。腐烂的稻草、小龙虾的排泄物则是水稻的有机肥料。

2. 播种水稻

5月上旬水稻直播，或者5月上旬育秧、5月下旬机插。在农田厢沟凼稻鳖鱼虾鳅模式中，插秧时，小龙虾躲进凼里。直播时每穴3～4粒种子；机插时每厢7行，行间距30厘米，株距18厘米。水稻行间距、株间距均能满足水生动物在水稻间活动的要求。

3. 放养中华鳖、泥鳅、鲫鱼、白鲢和鳙鱼苗

投放中华鳖是厢沟凼稻鳖虾鱼鳅这种模式非常关键的一步。5月，小龙虾已捕获上市后，选择晴朗的天气，向凼里投放中华鳖种苗。投放的中华鳖规格一致，大小均匀，规格0.25～0.5千克/只，投放数量1 500只/公顷。投放时，用4%的食盐溶液将中华鳖种苗浸泡10分钟，然后投放到凼里。中华鳖在水温20～30℃时摄食旺盛、生长速度快。中华鳖要放

全雄的或全雌的，不能雌雄混养。

4月，向凼内投放泥鳅、鲫鱼、白鲢和鳙鱼苗。泥鳅苗225千克/公顷，规格5厘米/尾；鲫鱼苗300千克/公顷，规格25克/尾；白鲢鱼苗15千克/公顷，规格250克/尾左右；鳙鱼苗75千克/公顷，规格250克/尾左右。将这些苗种用4%的食盐水浸泡5～10分钟后，投放到凼里。

4. 农田生态种养品种、数量、规格及要求

农田生态种养品种、数量、规格及要求见表12-1。

表12-1 品种、数量、规格及要求

品种名称	数量	规格及要求
农香32	45千克/公顷	发芽率99.5%
中华鳖苗	1500只/公顷	400克/只
小龙虾苗	450千克/公顷	6克/尾
鲫鱼苗	300千克/公顷	25克/尾
白鲢苗	15千克/公顷	250克/尾
鳙鱼苗	75千克/公顷	250克/尾
泥鳅苗	225千克/公顷	5厘米/尾

四、生物之间的关系

养殖在农田里的中华鳖饵料丰富，它们以农田里的鲫鱼、泥鳅、螺蛳、水生动物为食，小龙虾蜕壳时，中华鳖以小龙虾为食。那些危害水稻的害虫都是中华鳖的食物，中华鳖不断地在农田里捕捉食物，一旦遇到害虫或虫卵时，中华鳖就伸长脖子把它们吃掉。中华鳖不停地在农田里爬动，同时扰动稻秆，卷叶虫、螟虫等就会掉落，从而被中华鳖吃掉。1亩农田里有100只中华鳖，1只鳖平均控制6米^{2}的农田，整个农田都被监管得严严实实。中华鳖食量大，在摄食天然饵料基础上，视农田内饵料多寡可以投放一些新鲜野杂鱼，切成3～5厘米长的小块，或者自制中华鳖生态饵料，投放于凼沟水边，放在石棉瓦上。日投喂量为鳖体总量的1%～6%。每天投喂1～2次。

鲫鱼吃农田里的天然饵料，水草，腐殖质为其饵料，不必投喂。

鲢鱼、鳙鱼在农田内滤食浮游生物，净化水质。

泥鳅是杂食性鱼类，在农田里以昆虫幼虫、小型甲壳类动物、小型藻类、植物碎屑、腐殖质等为食物，与上述水生动物混养时，常以其他水生动物吃剩的残饵为食，有清理垃圾的功能，可净化清理水域环境。

水稻在生长过程中需要大量的养料，一部分养料为耕田时施用的有机肥料，农田生态种养时农田中氨氮和亚硝酸盐浓度均必须小于一定值，稻和水草可吸收农田中的氨氮和亚硝酸盐，降低其浓度，起到消除富营养化和净化水质的作用。水稻和水草也为鳖鱼虾鳅起到了避暑遮阳的作用。

五、 农田管理及水质调控

农田管理主要是对水稻进行控水、控肥、防病虫害。

控水：7 月，当绝大部分植株分蘖完成时，开始晒田，以壮苗使根系下扎，致凼沟水位低于厢面 20 厘米，晒田程度以水稻浮根泛白为适度，大约半个月。及时复水，厢面水位 20 厘米，沟水位 50 厘米。收割前的半个月再次排水晒田。

防治虫害：水稻的虫害靠生物防治和物理防治，还靠农田水位管理来综合管理控制。生物防治：水稻的害虫主要是二化螟幼虫、三化螟幼虫、稻飞虱成虫，这些害虫最初都是危害水稻茎秆基部，因为此部位的营养最丰富，以后再转移到其他部位，在该种养模式里，中华鳖就成为农田最好的保护者，见到害虫就吃，因此农田里的害虫可以忽略不计。而且中华鳖每天的粪便可以作为水稻的有机肥料。物理防治：每公顷装一个频振杀虫灯，天黑后开灯，诱杀育化成虫，诱来的虫子掉到水面上，中华鳖就会将其吃掉。农田水位管理：农田里水稻抽穗后，如果发现水稻有虫害，可以采取将厢面水位提高到一个合适的位置。此时，对水稻的生长没有影响，目的是让可以中华鳖吃到水稻茎秆上的害虫。

防治病害：水稻的病害主要是纹枯病、稻瘟病和稻曲病三种。农田生态种养能有效地防止水稻病害的发生，通过厢沟凼结构，厢上种水稻，凼沟混养多种水生动物，水生动物在厢面上水稻间活动，通过调节水位控水，透气性好，阳光充足。这样水稻病害很少出现。

控肥：不施化肥，不施农药。

水质调控：厢沟凼稻鳖鱼虾鳅生态种养模式主要靠换水来保持水质达标。农田凼沟里放养的小龙虾、鳖、鱼密度不大，可以保证水中溶氧、pH 和氨氮不超标。每周换水 1 次，换水量 1/3 左右。也可以根据农田内水质变化情况，适时泼洒生石灰调节水质。

六、 适时捕获及效益

小龙虾于 5 月起捕上市，水稻 9 月成熟收割，中华鳖、鲫鱼、白鲢、鳙鱼、泥鳅 10 月开始起捕上市。

稻鳖鱼虾鳅生态种养经济效益分析见表 12-2。

表 12-2 稻鳖鱼虾鳅生态种养经济效益分析（元/公顷）

项目		农田生态种养	单种水稻
投入	水稻种子	1 440	1 440
	中华鳖苗	48 000	0
	小龙虾苗	27 000	0
	鲫鱼苗	1 050	0
	鲢鱼苗	150	0.00
	鳙鱼苗	1 200	0
	泥鳅苗	6 750	0
	劳动力	8 660	6 720
	有机肥料	3 000	3 000
	农药及施药费	0	1 200
	中华鳖饵料	9 000	0
	机耕机收费	2 700	2 700
	灌溉水费	300	300
	防逃网及围网	600	0
	总投入	109 850	15 360
产出	稻谷	24 750	24 750
	中华鳖	135 000	0
	小龙虾	52 250	0
	鲫鱼	6 000	0
	鲢鱼	1 500	0
	鳙鱼	11 250	0
	泥鳅	27 000	0
	总产值	257 750	24 750
利润		147 900	9 390
产投比		2.35∶1	1.61∶1

Chapter 13

第十三章 农田生态种养病虫草敌害生物防治技术

农田生态种养防天敌是特别关键的事情，农田中养殖动物的天敌有很多，有鸟、鼠、蛇等动物，种植的植物有病、虫、草害。由于动植物共生，同一空间同一时间有多种生物，常规防治方法受到制约，因此稻田生态种养中鸟、鼠、蛇、病、虫、草危害不易防治，敌害生物防治工作是稻田生态种养的瓶颈。通过多年实践，已经探索出整套方案，可以有效地解决这个瓶颈。

一、 农田生态种养防鸟方法和技术

近年来由于自然生态环境改善，养殖的动物经常受到苍鹭、鹰等危害，部分种类系国家二级以上保护动物，不能捕杀，只能进行阻拦和驱赶。种植的植物频频受到鸟的危害。下面介绍危害农田生态种养常见的鸟类和常用的生态环保型防鸟技术。

1. 危害农田生态种养常见的鸟类及生活习性

如表 13-1 所示，常见鸟类有 8 种，其中鹭类最多，达 4 种，分别为白鹭、牛背鹭、绿鹭、夜鹭。其中白鹭和牛背鹭数量最多，全年均有发现，夜鹭和苍鹭主要出现在清晨和傍晚。此外还有麻雀、喜鹊、黑水鸡和斑鸠等鸟类。其中麻雀和喜鹊最为常见，一年四季均可在农田生态种养区及附近区域发现。

表 13-1　农田生态种养区常见的危害鸟类

鸟名	出现地点及摄食情况	影响时间	出现数量	对农田生态种养影响程度	对水稻等影响程度
白鹭	在农田生态种养区块出现，捕食幼虾、蟹、小鱼、蝌蚪、青蛙等	全年均有发现，主要危害季节为秋冬季和早春，每天 6:00—7:30 和 16:30—18:00 数量较多	++	***	—
牛背鹭	在农田生态种养区块出现，捕食幼虾、蟹、小鱼、蝌蚪、青蛙等	全年均有发现，危害主要发生在 5—9 月，早晨和傍晚数量较多	++	***	—
绿鹭	在农田生态种养区块出现，捕食幼虾、蟹、小鱼、蝌蚪、青蛙等	仅在夏季清晨和傍晚出现	+	*	—
夜鹭	在农田生态种养区块出现，捕食幼虾、蟹、小鱼、蝌蚪、青蛙等	夏季数量相对较多，主要在晨昏和夜间	++	**	—
黑水鸡	在农田生态种养区块出现，有时摄食幼虾、蟹、小鱼	一般在早晨 6:00 和傍晚 17:00 出现，观察到其啄食幼虾、小鱼	+	*	*
麻雀	大量出现在农田生态种养区块，早起摄食稻种，后期吃成熟的稻谷	在 4—5 月和 10—11 月大量出现，影响水稻产量	+++	—	***

（续）

鸟名	出现地点及摄食情况	影响时间	出现数量	对农田生态种养影响程度	对水稻等影响程度
喜鹊	多筑巢于民宅旁的大树上，在居民点附近活动	种养早期对稻种、晚期对成熟期稻谷有一定危害，白天经常出现	++	—	**
斑鸠	农田生态种养区块附近的电线杆上和树枝上经常出现	秋季会少量偷食稻谷，多在白天出现	+	—	*

注：出现数量中，+++为50只以上，++为10～50只，+为2～10只，—为2只以下；影响程度中，***为影响程度大，**为影响程度一般，*为影响较小，—为无影响。

2. 线状方式防护

农田养殖的泥鳅、小龙虾、鲫鱼、鲤鱼的主要危害是白鹭，可采用线状方式防护。其结构如图13-1所示。采用高×长×宽分别为3米×8厘米×8厘米的水泥桩作为支撑桩（支撑桩间隔为15米），支撑桩之间采用铁丝（直径为2毫米），农田上方采用尼龙线防护，尼龙线间隔为50厘米。

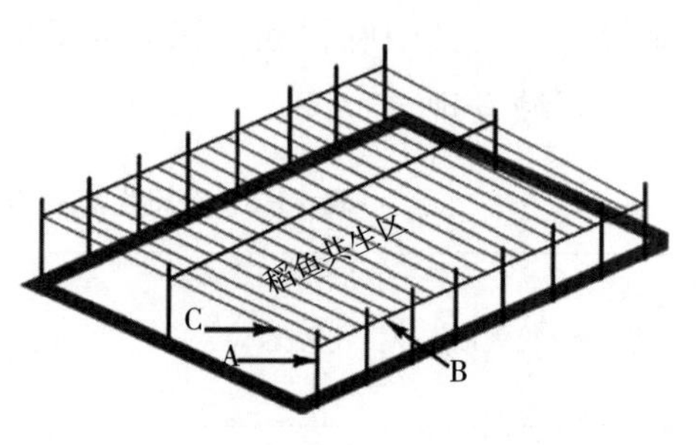

图13-1　稻田养鱼线状方式防鸟示意图
A. 水泥桩　B. 铁丝　C. 尼龙线

3. 线式与网式相结合的方法防护

对农田生态种养田块，除了鹭类等大型水鸟的啄食，在水稻播种和成熟期还有小型鸟类的危害，因此采用线状防护与网状防护相结合的防护措施。整个农田生态种养共作区上除了采用线状防护外，再加网状防护，防止麻雀等鸟类进入啄食稻谷，结构见图13-2。采用直径4～5厘米的毛竹作为支撑桩（支撑桩间隔为10米），

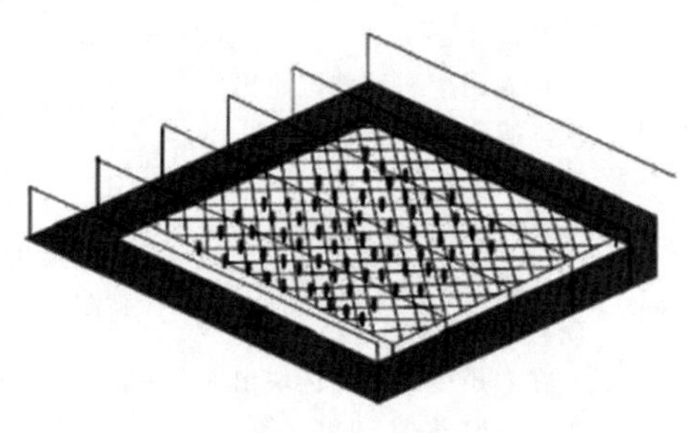

图13-2　农田生态种养网式防鸟示意图

采用网眼3.6厘米的尼龙网（长×宽分别为50米×4米）覆盖在水稻种植区域，四周用塑料绳拉紧。

4. 稻田种萍

在稻田水面种植浮萍、满江红和部分槐叶萍等，萍类既可以为鱼提供食物，也可以作为鱼的隐藏地。一般稻田中浮萍覆盖水面1/5即可，过多会造成水中缺氧，影响田鱼活动及生长，甚至闷死田鱼。

5. 搭棚种菜

在田埂种植瓜藤蔬菜，如丝瓜、冬瓜、南瓜、甜糯玉米、刀豆等。在鱼凼上方搭建瓜藤蔬菜木架，等蔬菜藤爬满木架时，棚架既起到遮阳防鸟作用，蔬菜瓜果又可增加经济收入。也可在田埂上种植果树，如桃树、梨树、李树等。

6. 安装驱鸟器

驱鸟器的旋转风板设有反光镜片，安装在田中间，一个驱鸟器可以管护20亩以上的稻田，以自然风为动力驱动旋转风碗和旋转风板以快慢不同的速度转动，并产生扰动，风板上的镜片在转动中反射强光，可以恐吓鸟，抑制其捕食活动。

二、农田生态种养防鼠、蛇方法

与普通稻田防鼠防蛇技术不同，农田生态种养不能采取化学防治方法，以防止伤动物，应该以绿色生态技术防控鼠、蛇。

农业防治：结合农田基本建设、调整耕作栽培制度等农业技术措施，包括整修田埂、沟渠，清除田间杂草，减少害鼠栖息空间，恶化害鼠生存和繁衍环境，以达到降低鼠密度的目的。

物理防治：采用捕鼠夹、捕鼠笼、粘鼠板、电猫等器械捕杀害鼠，采用TBS技术即捕鼠器+围栏组成的捕鼠系统捕杀害鼠。安全操作各种捕杀工具，避免对人畜造成伤害。

药物方法：在农田生态种养区蛇出没的田埂上，放置干竹筒，一头打孔，防进水打湿，竹筒内放入一个雄黄包，蛇嗅到雄黄后便会退而远之。

三、水稻病虫草害防治技术

稻田生态种养区，水稻全生长期常见的主要病害有稻瘟病、纹枯病、立枯病、稻曲病、稻粒黑粉病、青枯病等，主要虫害有二化螟、稻蓟马、稻飞虱、稻纵卷叶螟、稻苞虫、黏虫等。本部分在介绍水稻常见病虫害的发病规律、发病条件、传播途径的基础上，总结了病虫害防治的关键技术。由于鱼对除草剂非常敏感，稻田养鱼严格禁止使用除草剂，关于草害的防治，宜全部采用常规农艺技术与生态技术，杜绝使用化学除草剂。

1. 主要病害

（1）稻瘟病。稻瘟病又名稻热病，水稻自幼苗至抽穗均可发生，越冬的菌丝在适宜时期能产生大量的分生孢子，在秧苗或秧田形成之初侵染，稻田受干旱、高温等特殊气候影响，再加上进入雨水季节，田间温湿度增大，为稻瘟病的发生创造了有利条件，稻瘟病一旦发生，会导致水稻减产甚至绝收。近几年，湖南省稻瘟病每年均有发生。全省主栽品种中没有高抗稻瘟病品种，因此，对此病的防治显得尤为关键。稻瘟病按病害在水稻不同生育期和不同部位所表现的症状分为苗瘟、叶瘟、节瘟、穗颈瘟和谷粒瘟。

①苗瘟。在种子发芽至3叶期以前发病，病苗靠近土面的茎基部变成灰黑色，上部变成淡红褐色，最终枯死。

②叶瘟。发生于3叶期后的秧苗或成株叶片上，一般从分蘖至拔节期盛发，叶上病斑常因天气和品种抗病力的差异，在形状、大小、色泽上有所不同，可分为慢性型、急性型、白点型和褐点型四种，其中，以前两种危害最重要。

③节瘟。发生在茎节上，初期出现针头大的褐色小点，后扩大至节的全部或一部分变为黑褐色，茎秆易折断，其出现预示穗颈瘟易发生。

④穗颈瘟。主要在穗颈或穗轴和枝梗上发生，穗颈发病，病斑褐色或灰黑色，从穗颈向上向下蔓延，最后造成白穗，俗称“吊颈瘟”。

⑤谷粒瘟。谷粒上病斑变化较大，一般为椭圆形，褐色或黑褐色，中央可变灰白色，米粒不充实，甚至变黑。

（2）水稻纹枯病。水稻纹枯病苗期至穗期都可发生。病菌主要以菌核在土壤中越冬，也能以菌丝体在病残体上或在田间杂草等其他寄主上越冬。翌年春灌时菌核飘浮于水面与其他杂物混在一起，插秧后菌核黏附于稻株近水面的叶鞘上，条件适宜时生出菌丝侵入叶鞘组织为害，水稻拔节期病情开始蔓延，病害向横向、纵向扩展，抽穗前以叶鞘危害为主，抽穗后向叶片、穗颈部扩展。长期深灌，偏施、迟施氮肥，水稻生长过于茂盛、徒长都会促进纹枯病的发生和蔓延。

（3）稻曲病。稻曲病是水稻后期发生的一种真菌性病害。近年来，该病在各地稻区普遍发生而且病情逐年加重，危害较大，严重影响水稻产量，病菌主要以菌核在土壤中越冬。稻曲病的发生程度除了与水稻孕穗、抽穗期间的气象有关外，还受施肥水平的影响，高氮肥水平的田块发生较重。稻曲病仅在水稻开花以后至乳熟期的穗部发生，且主要分布在稻穗的中下部。稻曲病的粒比健粒大 3～4 倍，黄绿色或墨绿色，人食病粒后易生病。

（4）稻粒黑粉病。稻粒黑粉病主要发生在水稻扬花至乳熟期，只危害谷粒，每穗受害一粒或数粒乃至数十粒，一般在水稻近成熟时显症。染病稻粒呈污绿色或污黄色，其内有黑粉状物，成熟时腹部裂开，露出黑粉，黑粉污染谷粒外表。

2. 主要虫害

（1）二化螟。二化螟除了危害水稻外，还危害玉米等。以老熟幼虫在稻茬、稻草和其他寄主植物的根茬、茎秆中越冬，水稻二化螟 1 年繁殖 1～5 代。经过越冬的二化螟在幼虫羽化后产卵，并在 5 月上、中旬进入第 1 次孵化的始盛期，5 月中、下旬达到高峰；2 代二化螟危害的高峰期在 7 月中旬至 8 月初。上述 2 个时期分别是早稻与中稻、晚稻的生长期，二化螟侵害易造成白穗和虫伤株，严重影响水稻产量。

（2）稻苞虫。稻苞虫幼虫通常在避风向阳的田、沟边、塘边等处越冬。稻苞虫在湖南省一年繁殖 5～6 代，水稻受稻苞虫危害后，叶片残缺、植株矮小、稻穗变短、稻谷灌浆不充分、千粒重降低，严重影响水稻产量，一般发生年份减产 10%～20%，大发生年份减产 50%以上。稻苞虫主要为害时期在 6 月下旬至 7 月，一年中严重为害水稻的时期多在 8 月中下旬。到 10 月以后，成虫飞到越冬寄主上产卵繁殖。

（3）稻蓟马。冬季以成虫在禾本科杂草中和麦类作物上越冬；翌年育秧期间，秧苗长至2～3片叶时飞入秧田产卵繁殖。成虫虫体小，非常活跃，能飞能跳，受惊就飞散，具有趋绿性，此时秧苗移栽后正进入分蘖期，食料丰富，利于成虫大量产卵繁殖为害心叶和幼嫩组织，严重时秧苗枯死。

（4）稻飞虱。常见的是褐飞虱，褐飞虱体小，主要由南方稻区迁飞而至，有群集为害的习性。虫害发生时多呈点片状现象，先在下部为害，很快暴发成灾。

（5）稻纵卷叶螟。以幼虫为害水稻，缀叶成纵苞，躲藏其中取食上表皮及叶肉，仅留白色下表皮。水稻苗期受害影响正常生长，甚至枯死；分蘖期至拔节期受害，分蘖减少，植株缩短，生育期推迟；孕穗后特别是抽穗到齐穗期剑叶被害，影响开花结实，空壳率提高，千粒重下降。秕粒增加，造成减产。

3. 防治关键技术

稻田生态种养稻田内养殖的动物能取食稻脚部位及落在水面上的稻飞虱、稻叶蝉等虫害。养鱼的稻田农药用量可减少50%以上。但是由于稻田中病、虫种类多，发生情况也很复杂，物理防治、生物防治还不能完全代替农药治病治虫。

在湖南省农业植物保护部门指导下，以专业化防治服务组织或种植合作社为主体，开展专业化统防统治。

（1）防治原则。优先采用农业防治措施，通过选用抗病虫品种、科学合理的种子处理、培育壮苗、加强栽培管理、科学管水和管肥、中耕除草、清洁田园等一系列生态调控措施起到防治病虫害的作用。稻田养鱼后，水稻的病虫害明显减轻，尤其是使用诱虫灯、性信息素诱杀害虫后，农药的用量大大减少。为了提高稻谷和田鱼品质，在施用农药时必须要使用对水稻、鱼类危害很小的低毒药剂，并严格控制用药量。

（2）防治方法。

①非化学防治。

灌深水灭蛹。在二化螟化蛹高峰期时，及时灌5～10厘米的深水，经3～5天，可杀死大部分老熟幼虫和蛹。

合理利用和防护天敌。水稻生产前期适当放宽防治指标，田埂种植大豆，蓄养天敌，利用青蛙、蜘蛛、蜻蜓等捕食性天敌和寄生性天敌的控害作用来控制害虫危害。但是在鱼孵化初期，青蛙、蜘蛛、蜻蜓都是鱼苗的天敌，应注意合理调控。

诱虫灯诱杀成虫。利用害虫的趋光性，田间设置诱虫灯，诱杀二化螟、大螟、稻飞虱、稻纵卷叶螟等害虫的成虫，减少田间落卵量，降低虫口基数。每 30～40 亩安装 1 盏灯，采用“井”字形或“之”字形排列，灯距为 150～200 米，天黑开灯，凌晨 1:00 左右关灯，定时清理。

性诱剂诱杀。在二化螟每代成虫始盛期，每亩放置 1 个二化螟诱捕器，内置诱芯 1 个，每代换一次诱芯，诱捕器之间距离 25 米，放置高度在水稻分蘖期以高出地面 30～50 厘米为宜，在穗期高出作物 10 厘米，采取横竖成行、外密内疏的模式放置。在稻纵卷叶螟始蛾期，每亩放置 2 个新型飞蛾诱捕器，间距为 18 米，诱芯所处位置低于稻株顶端 10～20 厘米，每 30 天换一次诱芯。

②化学防治。

防治适期。重视秧田病虫害防治，使秧苗健康下田，减少大田防治次数，节约农药成本。根据当地植物保护部门发布的病虫防治信息，在主要病虫害的关键防治时期或达到防治指标时进行药剂防治（表 13-2）。

表 13-2 水稻主要病虫害防治指标和防治适期

病虫害名称	防治指标或防治适期
秧苗期恶苗病和稻瘟病	水稻浸种时预防
纹枯病	水稻封行时防治 1 次，病丛率达 20%时再次防治
二化螟	分蘖期二化螟危害，枯鞘株率 3.5%，穗期二化螟为上一代每亩残留虫量 500 头以上，当代卵孵化盛期与水稻破口期相吻合
稻飞虱	分蘖盛期每百丛 500 头，穗期每百丛 1 500 头
稻纵卷叶螟	分蘖及圆秆拔节期每百丛有 50 个束尖，穗期每亩幼虫量超过 10 000 头
稻瘟病	分蘖期田间出现急性病斑或发病中心，老病区及感病品种及长期适温阴雨天气后水稻穗期预防
稻曲病	水稻破口抽穗前 5～7 天施药，如遇适宜发病天气，7 天后需第 2 次施药

用药品种。选用的农药要对口、高效、低毒、低残留，严禁使用对鱼

高毒的农药品种。在农药剂型方面，应多选用水剂或油剂，少用或不用粉剂。养鱼稻田草食性鱼类有除草作用，因此养鱼的稻田一般不使用除草剂。

施药方法。常用的施药方法有三种：一是在施用农药前将田水加深至8厘米以上，并不断注入新水，以保持水的流动。二是放浅田水，让水面低于田面5厘米以上，把鱼集中在鱼凼后再施农药，等稻叶上的药液完全干后（施药后半小时左右）再放水进田，且水位要高于原水位。三是分段用药，将稻田分成两段，第一天将鱼赶到排水口一边，给进水口一侧水稻施药；第二天将鱼赶到进水口一边，给排水口一侧水稻施药。上述三种方式中，如果稻田里鱼数量偏多，最好使用第一种施药方式；如果稻田里鱼数量偏少，最好使用第二种施药方式。施用农药时还必须要注意以下几点：一是粉剂农药要在清晨露水未干时施用，以减少农药落入水中的量；水剂、乳剂农药宜在傍晚（16:00后，夏季高温宜在17：00以后）喷药，可减轻农药对鱼类的毒害。二是喷药提倡细喷雾、弥雾，增加药液在稻株上的黏着力，减少农药淋到田水中的量。三是下雨或雷雨前不要喷洒农药，否则农药会被雨水冲刷进入田水中，既致使防治效果较差，还易导致鱼中毒。

农药使用准则。农业农村部制定了稻田养鱼技术标准，严格按照农药的正常使用量和对鱼类的安全浓度，严格施药次数和休药期，严禁使用稻鱼违禁药品。既要保障水稻生长安全，把病虫害损失降到最低程度，又要确保养鱼安全。参照相关标准，结合稻田养鱼实际，推荐使用以下对口、高效、低毒、低残留的药品（表13-3）。

表13-3　稻田养鱼模式下水稻病虫害防治农药

农药品种	主要防治对象	施药量（商品药量）	兑水量（千克/公顷）	喷施次数（次）	休药期（天）
扑虱灵	稻飞虱、稻叶蝉	360～450克/公顷	600～750	≤2	≥14
稻瘟灵	稻瘟病	360～450毫升/公顷	900～1 125	≤2	≥30
叶枯灵	水稻白叶枯病	4 500～6 000毫升/公顷	900～1 125	≤2	≥30
多菌灵	稻瘟病、纹枯病	1 500～2 250毫升/公顷	1 500	≤2	≥30
井冈霉素	纹枯病	1 500～2 250毫升/公顷	1 125～1 500	2	不限
托布津	稻瘟病	750～1 125克/公顷	600～750	≤3	≥15

（续）

农药品种	主要防治对象	施药量（商品药量）	兑水量（千克/公顷）	喷施次数（次）	休药期（天）
吡虫啉（对鱼高毒）	稻飞虱	300～900 克/公顷	600～750	≤3	≥15
Bt	三化螟、二化螟	1 500～5 250 克/公顷	750～900	<3	≥10
龙克菌	白叶枯病	1 500～2 250 克/公顷	600～750	<3	≥7
阿维菌素（对鱼高毒）	三化螟、二化螟、稻纵卷叶虫	750～1 500 毫升/公顷	600～750	<3	≥30
杀虫双	稻螟虫、稻纵卷叶虫、稻苞虫	3 000～4 500 毫升/公顷	750～900	2	≥30
三环唑	稻瘟病	1 125～1 500 克/公顷	600～750	2	≥30

注：以上水稻最后一次施药距离收鱼的时间都在 30 天以上，因此食用时农药残留更低、更安全。

轮换用药。不要固定使用一种农药，要适时轮换以免病虫害产生耐药性。如防治稻瘟病，应将稻瘟灵、托布津、三环唑和多菌灵轮换使用；防治纹枯病，应将多菌灵和井冈霉素轮换使用。尽量使用兼用型的农药，如多菌灵可防治稻瘟病和纹枯病，还可兼治青枯病等。

四、质量安全控制

（1）防治档案的建立。稻田药剂的使用应如实记载，及时检查药剂使用情况及效果，并填写田间档案记载表。

（2）回收与处理。农药及相关防控物质的包装材料、废弃物应回收与集中处理，严格防止污染传播。

（3）大力推广使用生物农药。推广使用生物农药，使用生物农药和寻找农药的替代品是减少农药污染的有效途径。

参考文献

黄璜，2010. 湖南生态农业建设的难点与对策［J］. 湖南农业大学学报（社会科学版），11（2）：10-11.

黄璜，傅志强，刘小燕，2019. 论农田生态种养工程［J］. 作物研究，33（5）：339-345.

倪达书，汪建国，1988. 我国稻田养鱼的新进展［J］. 水生生物学报（4）：364-375.

王玉堂，熊贞，2001. 淡水冷水性鱼类养殖新技术［M］. 北京：中国农业出版社.

章家恩，2013. 近10多年来我国稻鸭共作生态农业技术的研究进展与展望［J］. 中国生态农业学报（1）：70-79.

图书在版编目（CIP）数据

农田生态种养实用技术/龚向胜，黄璜主编．—北京：中国农业出版社，2021.6
（现代农民教育培训丛书）
ISBN 978-7-109-28274-2

Ⅰ．①农…　Ⅱ．①龚…②黄…　Ⅲ．①农业技术—农民教育—教材　Ⅳ．①S

中国版本图书馆 CIP 数据核字（2021）第 092940 号

中国农业出版社出版
地址：北京市朝阳区麦子店街 18 号楼
邮编：100125
责任编辑：武旭峰　神翠翠　　文字编辑：张庆琼
版式设计：杜　然　　责任校对：吴丽婷
印刷：中农印务有限公司
版次：2021 年 6 月第 1 版
印次：2021 年 6 月北京第 1 次印刷
发行：新华书店北京发行所
开本：700mm×1000mm　1/16
印张：13.5　　插页：4
字数：240 千字
定价：65.00 元
